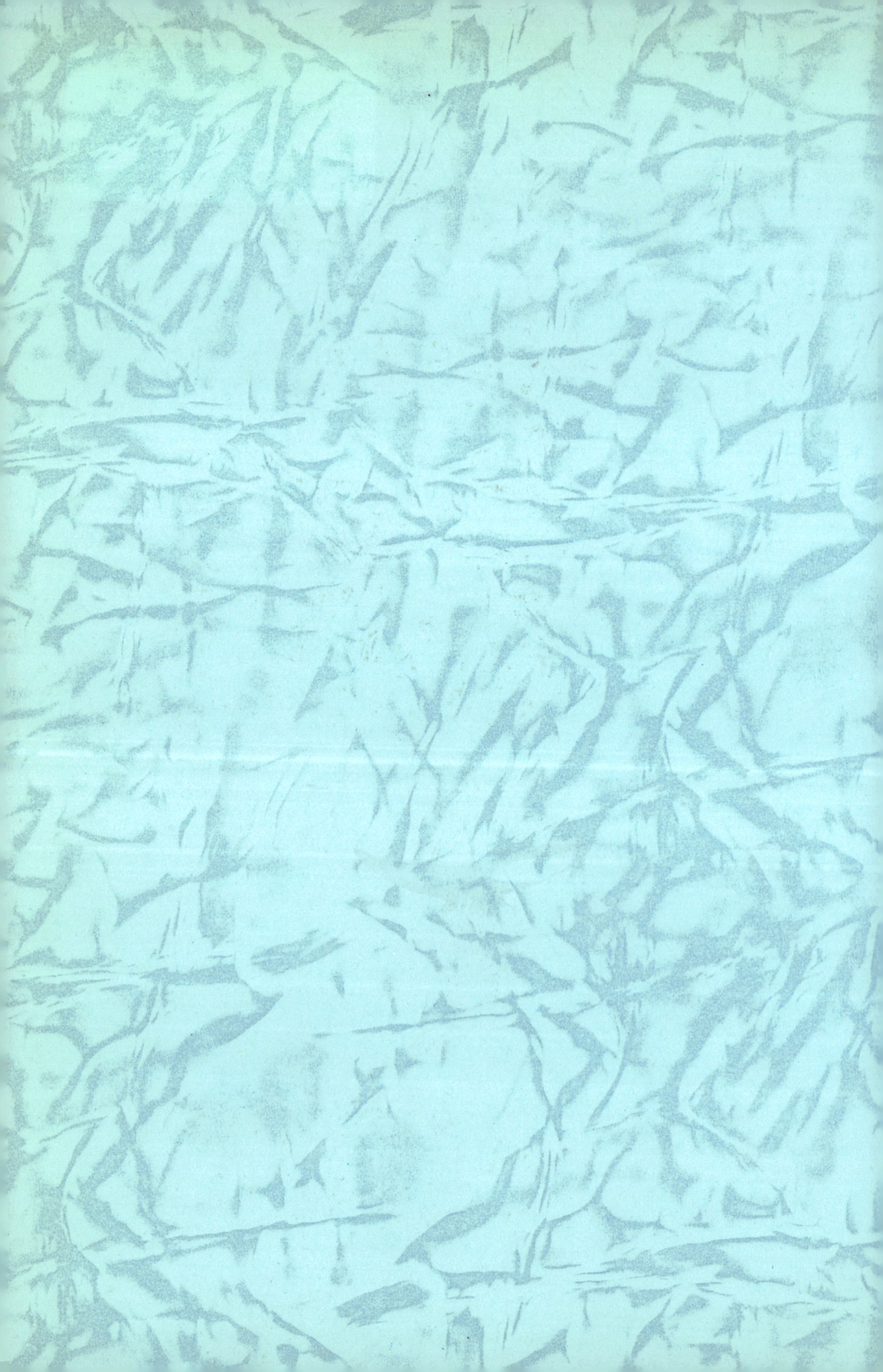

흥미를 가지면 누구든지 제 1 인자가 될 수 있다 !

과학을 잘하게 되는 책

즐거운 과학 탐구 여행

호시노 요시로오 지음
문　　형　　준 옮김

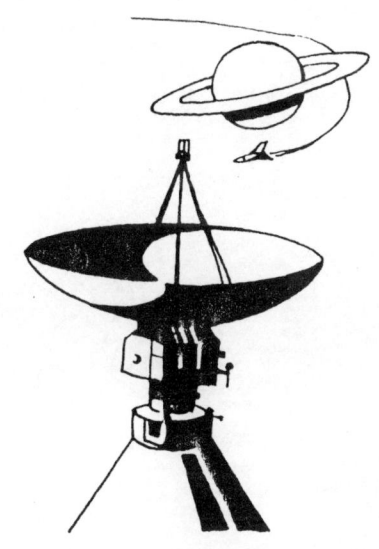

太乙出版社

옮긴이의 말

우리는 지금 과학의 시대에 살고 있다. 그리 오래지 않은 옛날에는 동화나 이야기 속에서만 등장하던 일들이 요즘에는 현실로서 우리 앞에 나타나고 있다. 예를 들어 인간이 달나라에 가서 살으리라던 그 동화의 한 토막 이야기는 이제 단순한 이야기가 아니라 현실의 한 부분으로서 우리에게 증명되어지고 있다. 이 엄청난 사실들은 모두가 다 인간의 과학을 공부하였기 때문에 이루어진 결과들이라 생각된다.

과학 하면 우리는 특별한 사람들(과학자)이나 하는 학문인줄로 착각하는 경우가 많다. 그러나 과학이란 처음부터 그렇게 대단하게 생각할 수 있는 학문이 아님을 강조해 두고 싶다. 인류가 달나라에나 가고 핵무기나 개발하여 세계를 공포의 도가니 속으로 몰아넣는 일 따위만이 과학의 전부는 아닌 것이다. 집안에서 세탁기가 작동되고, 공부하기 편리하게 책상 위에 스탠드가 놓여지는 단순한 일 조차도 엄청난 과학의 힘에 의해 이루어진 것이다. 우리의 생활 속에서 과학은 참으로 다양하게 이용되고 있다. 그리 머지않은 과거에 연필깎이가 개발되었을 때 수많은 학생들이 갈채를 보냈지만 지금은 그것도 샤프연필의 개발로 낡은 도구에 불과하게 되었다. 이처럼 과학은 우리의 생활 속에서 크고 작은 일들에 그 영향을 미치고 있는 것이다. 말하자면 과학은 우리의 생활과 떨어질래야 떨어질 수 없는 불가분의 관계에 있는 것이다.

　우리의 삶 그 자체와 유기적인 관계에 있는 과학의 생활화와 나아가 우리 모두가 다 과학자가 되겠다는 마음가짐으로 과학을 가까이 한다면 우리의 현재와 미래는 보다 나은 방향으로 발전해 나갈 수 있지 않겠느냐 하는 점이 바로 이 책을 기획하여 독자 여러분에게 선보이고자 하는 가장 으뜸된 이유이다. 아무쪼록 이 책으로 말미암아 독자 여러분 모두가 다 생활 속에서 과학을 애호하는 생활과학자가 되기를 진심으로 바라마지 않는다. 여러분의 앞날에 행운이 있기를……

옮긴이 씀.

지은이의 말

이 책은 소사전식(少事典式)으로 쓰여 있다. 중학교나 고등학교의 물리·화학 교과서에 기초하여 처음부터 설명하기 시작해서 새로운 기술을 과학적 언어로 해설하려고 시도한 것이다.

이 책은 어느 항목부터 읽어도 괜찮다. 예를 들어, '태양전지'를 읽으면, P—n접합이나 가전자대(價電子帶)등 그다지 귀에 익숙하지 않은 용어가 나온다. 그러나 각각 → 130페이지, → 126페이지라고 그 용어가 해설되어 있는 부분이 표시되어 있기 때문에 그곳을 다시 읽으면 된다.

항목으로 다루어지고 있는 용어에는 ⇦표가 되어 있기 때문에 잘 모르겠으면 ⇦표 항목을 읽어주기 바란다. 또한 일상생활 속에서 모르는 과학용어에 부딪치면, 색인을 보고 거기에서 용어 해설 페이지수를 찾을 수 있도록 되어 있다.

일렉트로닉스나 우주개발이나 원자력을 비롯한 현대과학 기술은 언뜻 매우 복잡하고 이해하기 어려운 듯이 보이지만, 고등학생 정도의 지식이 있으면 각각의 내용이 어떤 것인지 대체로 짐작할 수 있다. 어느 정도의 짐작만 있으면 각각의 과학기술에 대해서 조금 자세하게 다룬 책을 읽을 때에도 이해하기 쉬운 법이다. 현대의 과학기술 입문의 입문서로서 이 책을 활용해 주었으면 다행이겠다.

♣차 례♣

제1장/에너지

제2장/운동

♣차 례♣

제3장/재료

제4장/핵반응

♣차 례♣

제5장/일렉트로닉스 Ⅰ

제6장/일렉트로닉스 Ⅱ

12

♣차 례♣

제1장
에너지

타워 집광방식에 의한 태양열 발전 (공동통신사 제공)

소프트 에너지

  태양광선이나 열을 비롯하여 바람이나 물, 조석, 파도, 지열 (地熱) 등과 같은 자연적 에너지를 총칭해서 소프트 에너지라고 부르는 경우가 있다. 지열은 좀 다르지만, 사용해도 사용해도 자원 량은 감소하는 일이 없기 때문에 장래 화석연료(化石燃料) 자원 의 고갈 등을 생각할 때 지금부터 이미 가능한 한 이들 에너지를 활용하지 않을 수 없다. 그래서 소프트 에너지의 활용이 최근 주목을 받고 있다.

  지열을 제외하면 소프트 에너지의 근원은 태양 에너지이다. 태양은 핵융합(核融合)(⟨⟩)반응에 의해 거대한 빛과 열을 방출하고 있지만, 지구가 받고 있는 에너지는 그 약 22억분의 1로, 1년간 4 · 26조 주울의, 다시 1조배(4.26×10^{24}J) 정도다. 이것을 킬로 와트(kW)로 환산하면, 173조 킬로와트(1.73×10^{14}kW)가 된다.

  즉, 대기(大氣)를 무시하고 계산했을 경우, 지구가 태양으로부 터 평균거리만큼 떨어져 있을 때 지구가 받는 평균 에너지는 지구를 원판(圓板)으로 간주해서 1평방미터당 1.350킬로와트다.

이것은 태양정수(太陽定數)라고 불린다.

한편, 지구의 내부로부터 전달되어 오는 열량은 1년 간 전지구 표면당 1조 주울의 10억배(1.0×10^{21} J)이다. 달과 태양의 인력에 기인하는 조석에너지는 매년 9.5조 주울의 1000만배(9.5×10^{19} J)이다. 모두 태양 에너지에 비하면 3자릿수에서 5자릿수 정도 낮다. 에너지량만 말하자면 태양 에너지는 지표상의 에너지 거의를 차지한다고 해도 과언이 아니다.

태양 에너지는 실제로 그 34%가 구름이나 먼지나 지표에 의해서 직접 반사되어 공간으로 되돌아가 버린다. 또한 19%는 대기로 흡수되고, 나머지 47%가 해면이나 육지표면으로 흡수되어 모두 열로 변한다. 이 47%중 23%는 수증기의 잠열(潛熱)이 되고, 나머지 24%가 전도(傳導), 대류(對流) 및 방사(放射)와 같은 열 수송으로 인해 대기 중으로 이동한다.

바람이나 파도나 해류의 운동에너지는 이와 같은 열수송으로 얻어지는 것이지만, 그 총량은 연간 11조 주울의 10억배(1.1×10^{22} J)로 태양으로부터 입사(入射)에너지 0.2%에 불과하다. 또한 식물의 광합으로 인해 받아들여지는 태양에너지는 6조 주울의 10억배(6×10^{21} J)로 태양 입사 에너지의 약 0.1%에 불과하다. 그 반은 식물의 호흡에 사용되며, 나머지 반은 식물에 저장된다. 이상의 상태를 그림으로 나타내면, 다음과 같이 된다.

이렇게 해 보면 풍력(風力), 조류(潮流), 조석력(潮汐力), 파도력 등으로 인한 발전이라 해도 그것은 소프트 에너지의 약소한 일부로, 태양으로부터의 입사 에너지의 겨우 0.2% 남짓에 불과하다는 사실을 알 수 있다. 지금까지 소프트 에너지의 주력이 되고

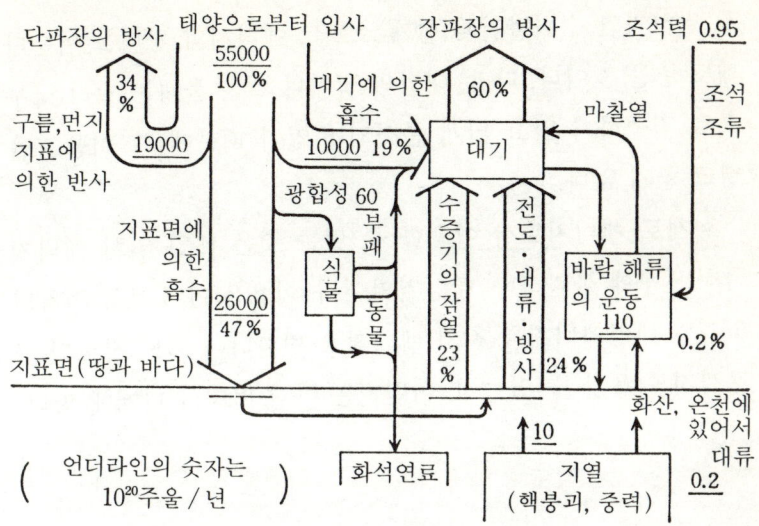

태양에너지의 입사와 방사의 관계

있었던 것은 말할 필요도 없이 수력발전이다. 수력발전은 물의 잠열이나 증발, 강우 등의 형태를 변화시켜서 태양 에너지를 전기 에너지로 변환하는 시스템이라고 말할 수 있다. 더구나 발전에 이용되는 물은 지구의 중력(重力)으로 인해 저지(低地)를 택해서 흐르기 때문에 강우나 증발 그 자체는 지표상에 널리 분산되어 있음에도 불구하고 지표의 물은 하천이나 호수, 연못 등에 비교적 집중한다. 그 집중된 물의 위치 에너지는 대량으로 효율 좋게 전기 에너지로 변환된다.

그런데 태양으로부터의 입사 에너지는 그 47%가 빛과 열로서 지표에 흡수되지만 그것을 그대로 이용하는 것이 태양열의 온수 (溫水)이용, 태양열 발전(◁), 태양 전지(◁) 등으로, 에너지량으로 말하자면 수력발전과 함께 소프트 에너지의 쌍벽을 이룬다고 해도 좋을 것이다. 다만, 태양의 빛이나 열은 물과는 달리 국부적으로 집중하지 않고 넓게 분산되어 있기 때문에 그 이용 효율은 셸코 좋지 않다.

실제로 에너지로서 이용할 수 있는 것은 태양 입사 에너지의 극히 일부에 불과하다. 태양열의 온수 이용은 이미 보급 정착되어 있지만 태양에너지를 전기 에너지로 변환하여 어느 정도의 규모로까지 이용할 수 있는지, 어떤지는 아직 미지의 단계에 있다.

태양열 발전(太陽熱 發電)

지표로 입사해 오는 태양빛 에너지는 지구 전체적으로는 팽대한 것이지만 다소라도 종합된 에너지로 이용하려고 하면 각각의 지역에서 필요한 양 만큼 태양빛을 집중해서 열이나 전기 에너지로 바꾸지 않으면 안된다.

넓은 지역으로 입사해 오는 태양빛을 집중하기 위해서는 거울로 반사시켜서 한 곳에 모으고 우선 그것을 열로 바꾸는 시스템을 생각할 수 있다. 다음에 이 열을 평균해서 축적해 두고, 그것을 고온의 증기 에너지로 바꾸는 축열(蓄熱) · 열교환(熱交換) 시스템이 필요하다. 또한 그곳으로 열을 운반하는 열 전달 시스템이 필요하다. 마지막으로 수증기를 증기터빈으로 보내서 열을 기계 에너지로 바꾸어 다시 발전기에 의해 전기 에너지로 바꾸는 발전 시스템이 없으면 안된다. 그림은 이상의 태양열 발전 시스템을 나타낸 것이다.

香川(카가와)현 仁尾(니오)마을에서 실험되고 있는 하나의 시스템의 경우는 그림 (21페이지) 같이 높이 3미터, 폭 1.5미터의

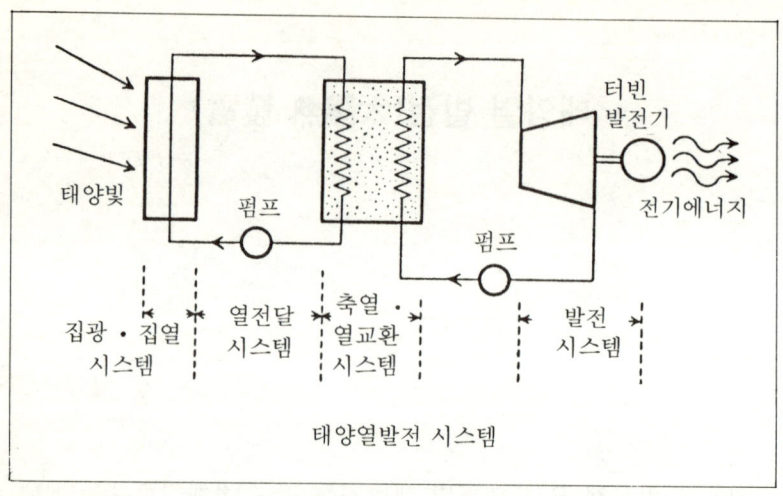

태양빛 / 펌프 / 터빈 발전기 / 전기에너지 / 펌프

집광·집열 시스템 | 열전달 시스템 | 축열·열교환 시스템 | 발전 시스템

태양열발전 시스템

평면 거울을 일렬로 20장씩 5단으로 나란히 세우고 그 반사광을 높이 3.8미터, 폭 3.6미터의 곡면 거울 5장으로 구성되어 있는 집열기(集熱器)에 집중시킨다.

이것이 집광(集光)시스템의 1유니트로, 이와 같은 유니트가 25조 모여서 다시 태양열을 집중시키는 것이다.

거울의 반사율은 당연히 가능한 한 높은 편이 좋지만 보통의 거울과 같이 유리 안쪽에 은을 칠한 거울이면 철이온을 제거한 유리가 필요하다. 철이온은 1.1미크론 정도의 파장광(波長光)을 흡수해 버리기 때문이다.

집열기에서는 태양 에너지를 효율 좋게 흡수하고, 또한 모처럼 흡수한 에너지를 외부로 방출시키지 않도록 하는 것이 중요하다. 태양열을 흡수하기 위해서는 예컨대 집열기 표면을 검은색으로 하면 효율이 좋다고 하는 것은 확실하지만, 그것만으로는 열방

사도 자꾸 진행되어 열의 흡수와 방사가 평형을 이루어 결국 온도
는 섭씨 90도 쯤으로 떨어져 버린다.

태양빛의 흡수률을 최대한으로, 방사율을 최소한으로 하기 위해
서 몇 가지의 시스템이 시도되고 있는데, 그 중 하나는 집열기의
곡면거울 위에 탄화지르코늄의 얇은 막을 씌우는 방법이다. 이렇
게 하면 평면거울로부터 반사되어 온 태양빛의 흡수율은 거의
90%, 한편 적외선 부근의 방사율은 7% 정도에 불과하다.

다음 문제는 태양빛의 입사는 기후(氣候)에 따라서도, 시각이나
계절에 따라서도 일정하지 않기 때문에 충분히 입사해 왔을 때에
그 에너지를 축적해 두고 입사가 부족하거나 밤과 같이 모두 없어
졌을 때에 그 에너지를 증기(蒸氣)터빈에 공급하도록 하지 않으

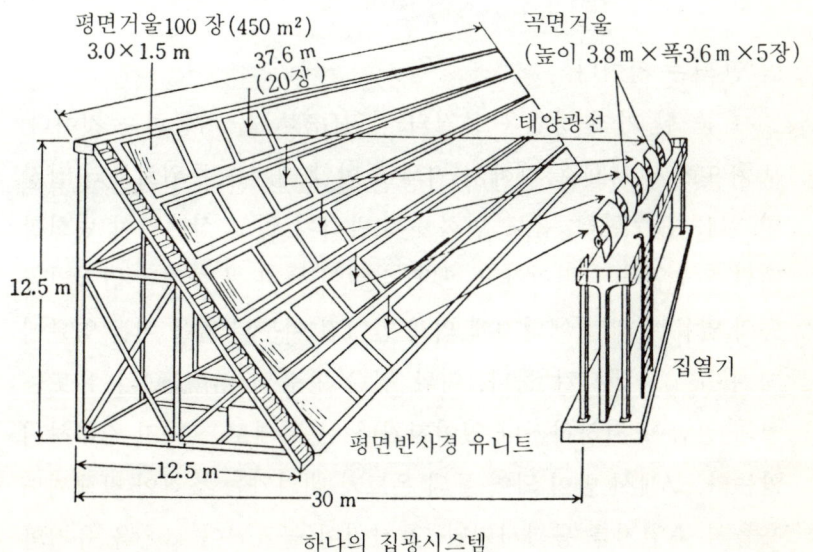

하나의 집광시스템

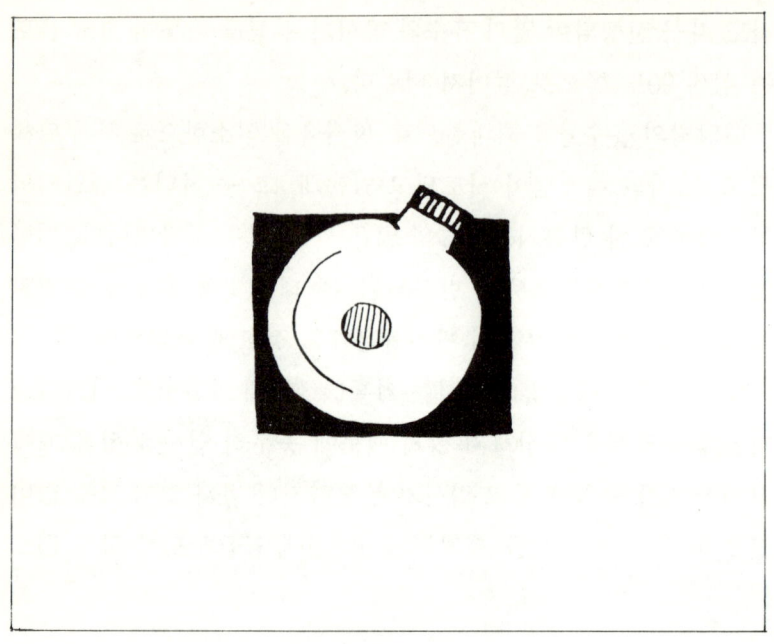

면 안되는 것이다.

그 중 한 가지 방법은 물질의 잠열(潛熱)을 이용하는 것이다. 보통 고체가 액체로, 액체가 기체로 변할 때에는 주위로부터 일정한 열을 흡수한다. 온도 변화를 수반하지 않고 상태만이 변화할 때의 흡수열을 잠열이라고 한다. 잠열이 특히 큰 물질은 알칼리금속의 염류로 태양 에너지에 의해 얻어진 여분의 열을 이들 염류에게 흡수·융해시켜 둔다. 이와 같은 용융염(溶融鹽)의 온도는 열의 공급이 저하하거나 없어지거나 한 뒤에도 그다지 강하하지 않는다. 그래서 밤이 되어 물의 온도가 내려가는 조건이 발생해도 용융염 축열기를 통과시키면 그 잠열이 공급되어 고온을 유지할

수 있다. 그러나 태양 에너지의 축열 시스템으로서 어떤 방법이
가장 좋을지는 아직 명확해져 있지 않다.

　10만 평방 미터의 부지에 건설되어 있는 태양열 발전소에는
앞서 서술한 집광 시스템의 유니트에 의한 분산집광(分散集光)
방식과 모든 반사광을 높이 36미터의 중앙 타워 선단의 집열기로
집중시키는 타워집광 방식, 2가지 방법이 시도되고 있다. 전자의
경우는 2500장의 평면거울이, 후자의 경우는 1평방미터의 평면거
울이 1만 2800장 사용되고 있다. 얻어진 수증기의 온도는 거의
섭씨 250도, 각각 1000킬로와트의 발전을 목표로 하고 있다. 1평
방미터당 10와트의 출력이라고 하는 계산이 된다. 화력발전소의
경우라면 1평방미터당 5킬로와트 정도의 출력이 예상된다고 하니
까 태양열 발전이 얼마나 광대한 부지를 필요로 하는지 알 수
있다.

태양전지(太陽電池)

세슘이나 나트륨 등의 금속 표면에 빛을 쪼이면 금속 속의 자유전자는 에너지의 벽(→181페이지)을 넘어서 밖으로 튀어나온다. 이것은 자유전자(自由電子)가 빛에너지를 공급받아서 금속 밖으로 튀어나오는 운동 에너지를 획득했기 때문으로, 이와 같은 현상은 외부광전(外部光電) 효과라고 불린다.

같은 광전효과이지만 태양전지는 외부가 아닌 내부광전 효과를 이용한 장치다. P−n접합(→181페이지)을 이루는 실리콘 반도체(⇦)에 태양빛이 닿으면 파장이 짧은 빛일수록 결정내부에 흡수되어 실리콘 원자의 가전자(→173페이지)와 부딪친다. 그러면 가전자는 에너지를 얻고 자유전자가 되어 결정격자(結晶格子) 속을 움직이기 시작한다.

다만, 1.1미크론 이상이라고 하는 긴 파장의 빛은 결정 내부로 흡수되지 않고 빠져나가 버린다. 즉, 적외선에 있어서 실리콘은 광학적(光學的)으로 투명한 물질에 불과하다.

그런데 P−n접합의 경우 전자는 n형반도체(→181페이지)영역에

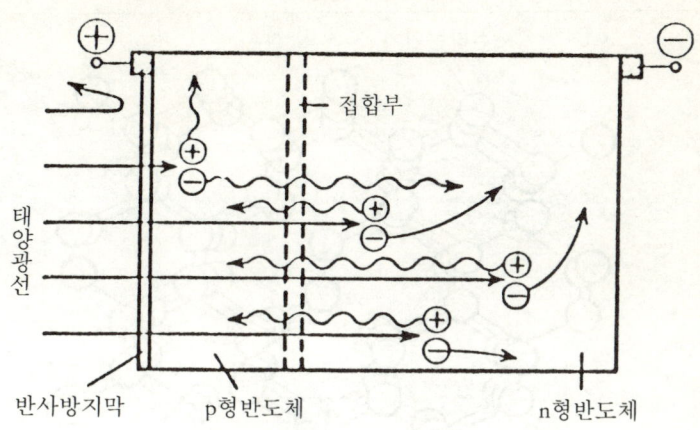

접합부

태양광선

반사방지막 p형반도체 n형반도체

태양전지의 구조

있고, 정공(正孔)(→181페이지)은 P형반도체(→181페이지)영역에 있다. 그리고 두 반도체의 접합부(接合部)에는 n형영역쪽을 플러스, P형영역쪽을 마이너스로 하는 전위차(電位差)가 발생하여 전자는 n형영역으로, 정공은 P형영역으로 양자를 쫓아 보내는 전계(電界)가 존재하고 있다.

그 때문에 태양빛의 흡수로 속속 발생한 자유전자는 그 전계에 의해 그림과 같이 n형영역쪽으로, 전자가 빠져나간 다음에 생긴 정공은 P형 영역쪽으로 이동한다. 이렇게 해서 실리콘반도체의 양끝에 전위차가 발생하고, 그것을 전선으로 연결하면 전류가 흐른다.

실제의 태양전지에서는 P형반도체가 표면층을 형성하고 있고, 그 두께는 1미크론 정도라고 한다. 그것보다 두꺼우면 P형영역에

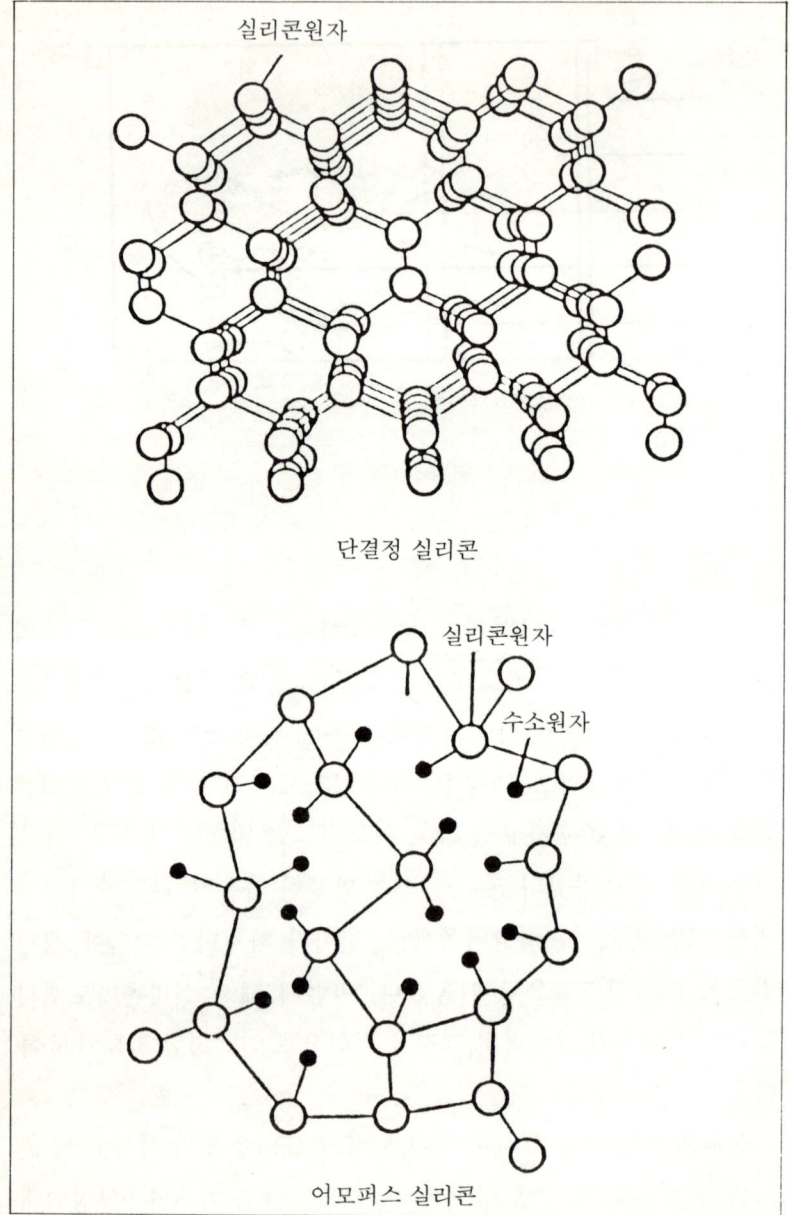

실리콘원자

단결정 실리콘

실리콘원자

수소원자

어모퍼스 실리콘

서 발생한 자유전자가 주위의 정공과 재결합하여 n형영역으로 들어갈 수 없게 되기 때문이다. 또한 태양빛이 표면에서 함부로 반사되지 않도록 유효한 반사 방지막(反射防止膜)을 만들 필요도 있다. 적외선과 같이 실리콘 결정을 빠져나가는 빛이나 결정표면에서 반사되는 빛의 비율은 합쳐서 50%를 넘고 있다. 게다가 전자와 정공이 각각 전극에 도달하기 전에 재결합해서 전하(電荷)를 잃거나, 전극이나 반도체의 결정격자와 충돌해서 에너지를 잃는 경우 등도 있다.

이와 같이 해서 태양빛의 에너지를 전기 에너지로 변환하는 효율은 원리적으로 28%정도라고 한다. 지금 단계에서 태양전지의 경우는 지표로 입사해 오는 태양빛의 거의 10%가 전기 에너지로 변환되고 있다. 하나의 태양전지는 40평방센티미터의 표면적을 가지고 4.2볼트의 전압에서 0.086암페어의 전류를 발생시키고 있다.

최근에는 실리콘 결정의 반도체 대신, 결정을 이루고 있지 않은 실리콘 반도체가 태양전지의 재료로써 주목을 받게 되었다. 이 재료는 어모피스라고 불리는데, 어모퍼스란 비정질(非晶質)이라고 하는 의미로 유리 등은 어모퍼스의 대표적인 물질이다.

어모퍼스이기 때문에 그림과 같이 실리콘은 결정과 같이 정연하게 늘어서 있지 않고, 원자 배열은 뿔뿔이 흩어져 있다. 그러므로 에너지대(→174페이지)도 또한 정연하게 형성되지 않고 무질서한 경향을 띠며, 가전자대(→175페이지) 전자를 전도대(→175페이지)로 올려서 생각하듯이 제어하는 일은 매우 어렵다. 그러나 수소화 규소를 글로방전으로 분해해서 만든 어모퍼스실리콘은

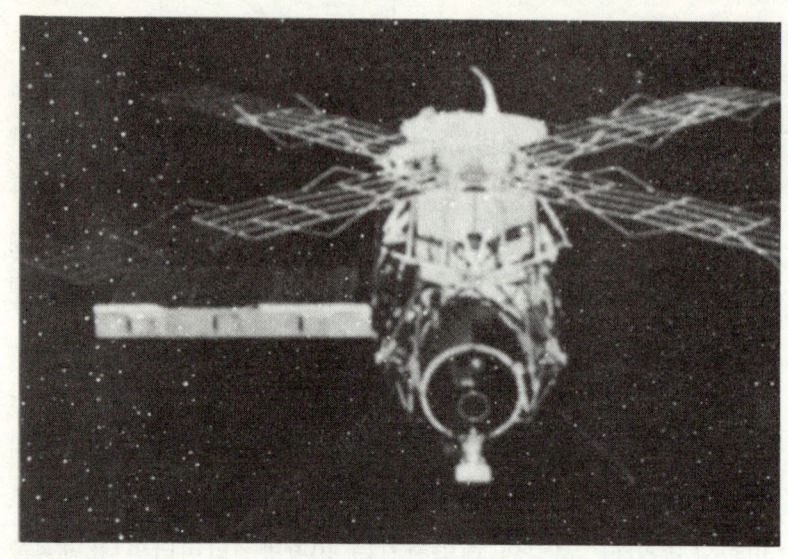

스카이랩(NASA),
태양전지의 패널이 확장되어 있다.

에너지대의 무질서함이 적어 전자의 제어가 가능함을 알게 되었다.

어모퍼스실리콘은 결정 실리콘에 비해서 짧은 파장빛이 10배나 잘 흡수된다. 또한 태양전지 전체의 두께도 결정 실리콘의 경우, 적어도 70미크론을 필요로 하는데 반해 1미크론으로 적당하기 때문에 얼마 안되는 재료로 충분하게 되어 어느 모로 보나 저가격, 고효율의 태양전지의 출현이 기대되고 있다.

현재의 단계에서 태양전지는 각종 인공위성이나 우주선이나 혹성탐사위성의 통신전원(通信電源)으로서 가장 중요한 역할을 담당하고 있다.

지열발전(地熱發電)

지각 속에서 지구표면에까지 이르는 열량은 태양으로부터 지구로 입사해 오는 에너지에 비하면 3자릿수나 작지만, 그래도 지표로부터 지하 10킬로미터까지의 깊이 사이에 축적되어 있는 열량은 300조 칼로리의 1조배(3×10^{26} cal, 주울로 환산하면 1.25×10^{27} J)라 하는 계산이 있다. 그러나 태양열과 마찬가지로 지각내에 넓게 분산해서, 더구나 지각 깊숙히 존재하고 있기 때문에 실제로는 지극히 일부밖에 이용할 수 없다.

자원으로서 이용할 수 있는 지열은 온수(溫水) 내지는 열수(熱水)로서 마치 석유와 같이 지하에 저류(貯留)되어 있다. 그리고 거기에는 온천 지대와 같이 지표에 수증기나 열수로서 새어나오는 개구계(開口系)와 암석 속에 갇혀 있는 폐쇄계(閉鎖系), 두 종류가 있다. 지각의 갈라진 틈으로 침투한 빗물은 지하의 열원(熱原)에 의해 가열되는 것이다. 이런 의미에서 지열은 태양에너지와 지구 에너지의 쌍방을 기원으로 하고 있다고 말할 수 있다.

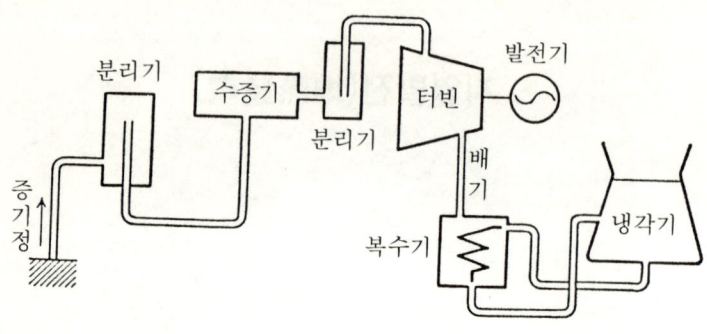

지열발전의 구조

    지하에서는 열수와 수증기가 공존하고 있겠지만 열수는 과열상
태이기 때문에 우물이 뚫림으로써 비등하기 시작해서 그 수증기
가 분출하는 것이라고 생각되고 있다.

열오염

세계의 대도시의 기온은 여름과 겨울을 불문하고 해마다 확실히 상승하고 있다. 19세기 말부터 1970년까지의 8월의 동경 기온의 변화를 보더라도 1일 평균 최고 기온은 섭씨 30도에서 33도로, 최저기온도 22도에서 25도로 상승하고 있다. 도시에 있어서 열오염은 점차 큰 사회문제가 되고 있다. 이것은 도시에 있어서 인공 방열원(人工放熱源)이 에너지 소비의 상승과 함께 증대하고 있는데다가 밤이 되어도 도시의 열이 대기중으로 다 증발하지 않고 조금씩 지표에 축적되기 때문이다. 일반적으로 교외의 지점인 경우 낮에 태양으로부터의 일사(日射)가 가해지고, 그 열이 대지로 전도되어 가는 한편 덥혀진 대기가 상승하고 또는 물이 증발하는 형태로 열이 대기중으로 흩어져 간다. 그러나 도시의 경우는 고공의 먼지 등으로 일사량은 좀 적지만, 그밖에 화력발전소나 공장이나 냉온방 등의 인공 방열원이 가해진다. 또한 초목이나 물도 적기 때문에 물의 증발로 인한 산열(散熱)이 적은 한편 일사로 뜨거워진 콘크리트나 아스팔트 등이 지표부근의 기온을

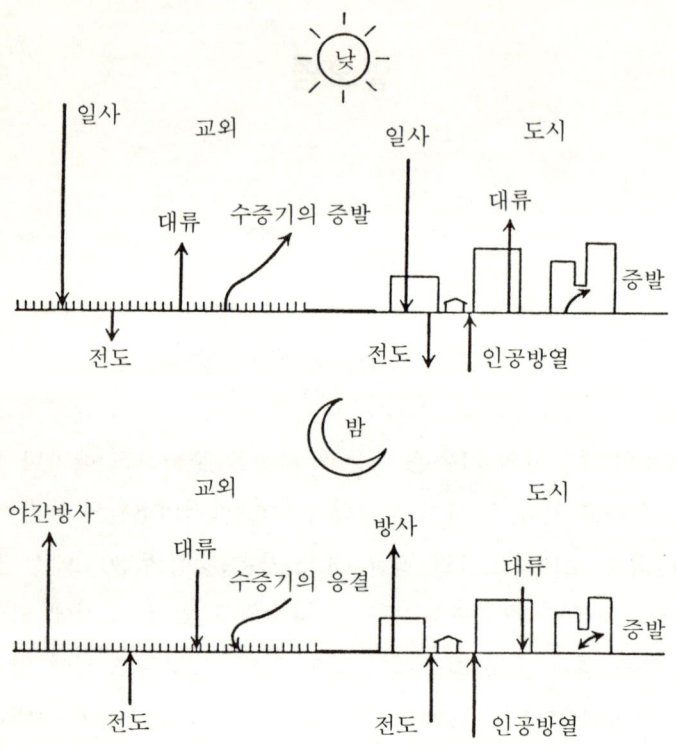

도시와 교외의 밤낮에 있어서 열의 교환.

상승시키고, 뜨거운 공기가 상승하며 고공에서 냉각된다.

밤이 되면 교외에서는 지중에 전도된 열이 지표로 되돌아옴과 동시에 지표의 열이 방사되어 지표는 하강해 온 상공의 공기로 인해 냉각된다. 또한 대기 중의 수증기는 열을 주위로 방출하고 이슬이 된다.

　그런데 도시에서는 콘크리트 등의 열전도율이 높은 데다가
열용량도 비교적 커서 낮 동안에 축적되어 있던 열은 밤이 되어도
좀체 대기중으로 증발되지 않는다. 또한 인공 방열은 여전히 저하
되지 않고 오히려 냉난방 등으로 인해 증대하는 경향이 있다.
고공의 찬 공기가 지표로 하강해 오는 시간도 교외보다 오래 걸린
다. 다만 수증기가 응결하는 비율이 낮기 때문에 그 때의 방열은
적고 더구나 밤에도 물이 증발한다고 하는 산열효과(散熱效果)
도 발생하고 있다. 어쨌든 도시에서는 인공방열이나 건축물, 도로
의 재료 영향을 강하게 받아서 낮이나 밤이나 교외보다 기온이
상승하지 않을 수 없다. 뉴욕 중심부의 맨하탄 지구에서는 1일

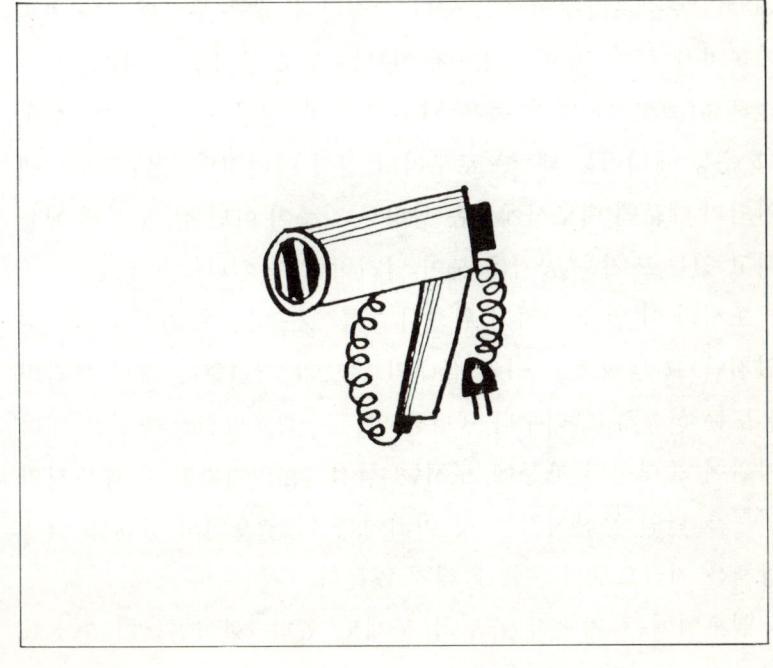

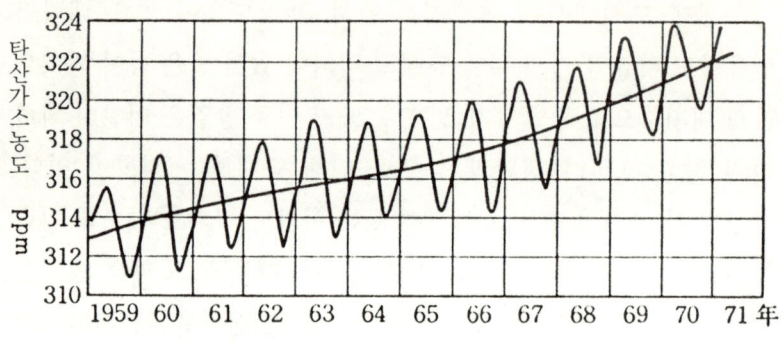

탄산가스의 경년변화(하와이섬 마우나로어)

평균 일사 에너지가 1평방미터당 20킬로칼로리인데 반하여 인공 열량은 같은 단위에서(동경에서는 아직 이 정도는 아니다). 1만 3000킬로칼로리에 이르고 있다. 그렇다면 해뜰 무렵의 교외와의 기온차가 섭씨 3도에서 4도에 이르는 것도 무리는 아니다.

해류(海流)나 바람 등은 기후에 강한 영향을 주는 것이지만, 그 운동 에너지는 태양으로부터의 일사 에너지의 0.2%정도밖에 안되기 때문에 대도시에서는 상당한 강풍이 아닌 한, 도시에 체류하고 있는 뜨거운 공기를 불어 날려버릴 수 없다.

도시의 이 열을 피하기 위해서 여름에는 냉방이 자꾸 보급되고 있지만 그 냉방으로 인해 실내의 온도가 저하하는 대신 옥외의 온도는 상승하고, 더구나 냉방을 만드는 화력발전소와 같은 에너지원이 증대하기 때문에 도시는 점점 더 뜨거워진다. 대도시의 인구를 단연 분산시키는 것 이외에는 이 열오염의 증대를 막을 방책은 지금으로서는 눈에 띄지 않는다.

열오염에는 지구적 규모의 문제도 있다. 화석연료의 연소가 점차 증대하고 있지만, 그 때문에 대기중의 탄산가스량이 상승하고 있다. 하와이의 관측소는 1959년 이후 대기중의 탄산가스양을 측정하고 있는데, 1959년 초에는 313ppm이었던 것이 해마다 거의 0.7ppm에서 1.0ppm정도 증가하여 1971년에는 321ppm에 이르렀다고 보고하고 있다.

탄산가스는 1.3미크론에서 1.7미크론 정도 파장의 적외선을 잘 흡수하기 때문에 야간의 대기중의 열방사가 조금씩 방해받고 있다.

때문에 지구적 규모로 지표 부근의 기온이 상승하여 북극이나 남극의 물이 차차 녹기 시작할 것이고, 그렇게 되면 해면이 상승해서 지구 이곳저곳에서 바다 근처의 육지가 수몰할 것이라고도 한다.

그러나 화석연료 등의 연소 때문에 대기오염도 또한 증대하여 고공에 체류하고 있는 미세한 먼지의 양이 증가하고, 이 때문에 구름이 생기기 쉬워져서 모두 태양의 일사를 방해하고 있다. 그래서 지구의 온도는 하강 경향에 있다라고도 한다.

제 2장
운 동

달표면을 향하는 아폴로 하나오 비터(공동통신사 제공)

수중익선(水中翼船)

배는 전방의 물을 무리하게 밀어 헤치고 전진하는데 그 때 물은 솟아 올라 파도가 되어 선미(船尾) 맞은 편을 따라서 낮아져 간다. 이 때문에 물에 의한 선수(船首) 부근의 압력은 선미 부근의 압력보다 높고, 이것이 배의 전진을 방해하는 조파저항(造波抵抗)이라고 하는 항력(抗力)이 된다.

또한 속도가 상승함에 따라서 선미에는 소용돌이가 생기기 시작한다. 저속(低速) 중일 때는 무시할 수 있지만, 속도가 증가하면 이것도 큰 항력이 되고 스쿠류효율도 저하하여 배의 속도를 내는 것은 점점 더 어려워진다. 다음에 배와 그 주위의 물의 마찰이 배의 전진에 대한 항력으로 작용한다. 선체에 접해 있는 물은 배와 함께 움직이려고 하지만, 그 물의 바깥쪽일수록 물은 움직이려고 하지 않게 된다. 즉, 선체에 직접 접하고 있는 물 또한 물 속을 가르듯이 움직이기 때문에 물과 선체, 물과 물의 마찰도 역시 배 속도의 증대와 함께 커져 간다.

이와 같은 항력의 증대를 잘 피하는 방법은 몇 가지가 있다.

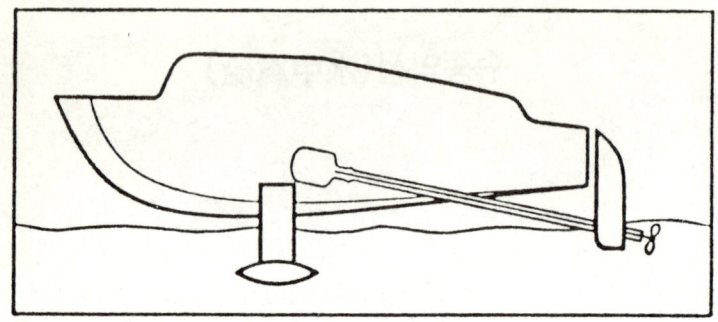

수중익선

그 중 하나는 비행기의 날개와 같은 것을 선체 아래에 부착해서 비행기와 같이 날개가 유체(流體) 속을 진행할 때에 발생하는 양력(揚力)(→53페이지)을 이용해서 선체를 수면보다 높이 띄우는 방법이다.

이것이 수중익선(水中翼船)의 원리다. 보통의 배와 같이 디젤기관으로 스크류를 회전시켜서 배는 움직이기 시작하지만 그렇게 하면 순식간에 양력(揚力)이 작용해서 선체가 수면보다 높이 들린다. 선체 그 자체는 수중에 없기 때문에 조파저항은 지주(支柱)에 작용할 뿐이고, 마찰저항이 지주와 수중의 날개에 가해지고 있을 뿐이다.

비행기와 비교하면 그 날개는 선체에 비해서 매우 작다. 이것은 배가 중력으로 인해 가라앉을 때에 그것을 방해하는 물의 부력(浮力)이 항력으로 작용하고 있으며, 그 항력은 공기가 비행기의 낙하를 방해할 때의 항력과 비교해서 같은 넓이의 날개면에 대해서 약 800배나 크기 때문이다.

  수중익선은 지금 세계의 도처에서 단거리의 중소형 수상기관으로서 활약하기 시작하고 있다. 보통 시속 60~70킬로미터로 달리는데 전장 70미터에 가까운 수중익선에는 시속100킬로미터를 넘는 것도 있다. 덧붙여서 말하자면 현재 대형객선이나 순양함(巡洋艦) 등은 37로트, 즉 시속 68킬로(1노트는 시속 1.852킬로) 정도로 달릴 수 있다.

호버크라프트

배의 속도를 비약적으로 높이는 한 가지 방법은 수중익선의
시스템이지만, 다른 한 가지 방법은 선체에서 아래쪽으로 불어내
는 공기를 쿠션으로 해서 수면보다 높이 선체를 띄워, 비행기와
같이 프로펠라로 추진되는 호버크라프트 시스템이다.

호버크라프트 선체의 한가운데에는 큰 송풍기(送風機)가 있
다. 가스터빈으로 이 송풍기를 회전시키는 그 때 공기의 분출
방법으로 선체를 수면 위에 수미터나 띄울 수 있다. 그림과 같이
공기는 선체 주위의 틈(슬릿)에서 대기압 이상의 압력으로 불어
나온다. 그 슬릿 아래에는 고무 형태의 섬유로 만든 자루와 같은
플렉시블스커트가 바퀴 모양으로 늘어져 있어 공기는 우선 이
약간 부드러운 스커트 자루를 부풀린다.

그 스커트 자루의 안쪽을 따라서 공기의 분출구가 있고, 공기는
그곳으로부터 바퀴 모양의 자루에 둘러싸인 공간으로 불어 나온
다. 이 공기가 스커트의 높이 만큼 선체를 수면 위로 들어올리는
쿠션이 되는 것이다.

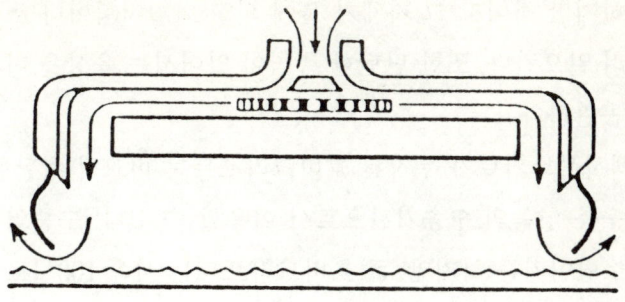

호버크라프트의 스커트와 공기쿠션

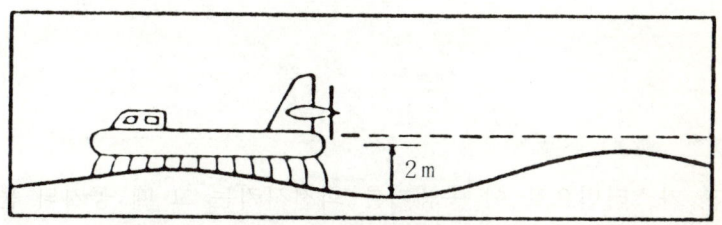

파도 위를 달리는 버크라프트

쿠션 내부의 압력과 자루 속의 압력을 잘 조절하면 호버크라프트는 파도 위에서도 순조롭게 달릴 수 있다. 그러나 스커트는 수면에 접해 있기 때문에 마모되기 쉽고, 또한 공기도 새기 쉽다. 그래서 선체의 하부에 금속제 측벽을 부착하고 있는 호버크라프트도 있다.

이 측벽선은 선수(船首)와 선미(船尾) 이외에는 공기가 달아나지 못하지만 적어도 그 자체가 물에 의한 마찰저항이나 조파저항을 불러 일으킨다. 또한 단단한 측벽이 있어서는 육상을 비행하는 일이 곤란하다.

플렉시블스커트가 부착된 호버크라프트는 비교적 평탄한 육지라면 수륙 양쪽의 수송기관으로서 이용할 수 있다. 수중익선보다 더욱 소형이기는 하지만, 큰 호버크라프트는 시속 100킬로미터에 가까운 속도로 100명을 넘는 승객을 운반하고 있다. 수중익선과 호버크라프트는 1960년대에 실용화되기 시작한 것이다.

리니어 모터카

철도는 자동차보다 빠르고, 한 번에 수십 배에서 100배 정도의 양을 수송할 수 있다. 철도의 경우는 단단한 강제(鋼製)의 차바퀴가 강제 레일 위를 달리기 때문이다. 차바퀴도 레일도 단단하고, 표면이 매끄럽기 때문에 양자의 접촉 면적은 얼마 안 된다. 그래서 철도의 경우는 차바퀴와 레일 쌍방의 변형에 의한 구르기 저항이 작다.

자동차는 타이어가 고무제로 노면과의 접촉부는 조금 찌부러지 듯이 퍼져 있다. 그러므로 철도에 비해서 대강 10배 정도로 타이어의 변형에 의한 구르기 저항이 커진다.

접촉 면적당 하중을 하중밀도(荷重密度)라고 하는 데 육상의 교통기관에서 철도의 하중밀도는 탁월하게 높다. 철도가 대량의 사람이나 화물을 고속으로 한 번에 수송할 수 있는 것은 이 때문이다.

그러나 그 철도도 속도를 올려 가면 몇 가지의 어려운 문제가 발생한다. 그 중 하나는 시속 300킬로미터를 넘으면 차바퀴와의

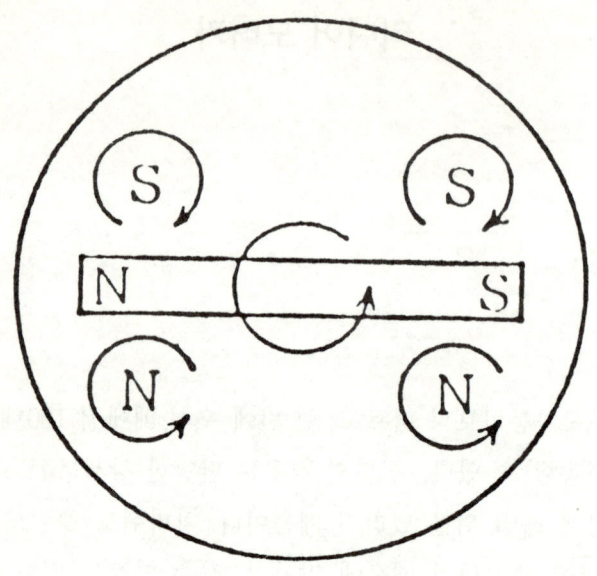

막대자석의 자전에 수반한 소용돌이 전류의 발생

점착력(粘着力)이 상한에 달하기 때문에 차바퀴가 헛회전을 하는 경향이 한층 증가해서 진행속도의 증대가 곤란해진다고 하는 것이다.

이 벽을 돌파하려고 개발되고 있는 것이 리니어 모터카이다. 리니어 모터카란 리니어 모터를 원동기(原動機)로 하고 또한 자기(磁氣)에 의해 공중으로 부상(浮上)하여 달리는 차량이라는 의미로 자기부상열차(磁氣浮上列車)라고도 불리고 있다. 보통의 모터가 바깥쪽을 고정자라고 하는 전자석에 에워싸여 전류를 통하면 내부의 회전자(回轉子 : 가동자라고도 한다)가 회전하는데 반해서 리니어 모터는 고정자, 가동자 모두 리니어 상태로 즉 선상(線狀)으로 설계된 모터다.

리니어 모터카는 유도 리니어 모터를 원동기로 사용하고 있다. 보통의 유도 모터는 아라고의 원판을 원리로 한 것이다. 동제의 원판 위에서 그림과 같이 막대자석을 회전시키면 동판이 그 뒤를 따라서 회전하기 시작한다. 이것이 아라고의 원판이라고 불리는 현상이다.

어째서 구리 원판이 회전하기 시작하는가 하면 렌츠의 법칙에 따라 N극이나 S극이 운동하기 시작하면 그것을 방해하듯이 그림과 같이 원판 위에 소용돌이 모양의 전류가 발생하기 때문이다. 즉, N극이 좌회전하려고 하면 동판 위에 N극이 생겨 막대자석의 N극의 운동을 방해하듯이 N극이 진행하기 오래 전에 좌회전 소용돌이 전류가 발생한다. 그 N극의 진행방향과 반대쪽에는 동판 위에 S극이 생겨서 막대자석의 N극을 되돌리듯이 우회전 소용돌이 전류가 발생한다.

그러나 N극이 그것을 무릅쓰고 회전해 가기 때문에 N극의 진행방향에 생긴 좌회전 소용돌이 전류는 차례차례 통과해 버린다. 그렇게 하면 이번에 좌회전 소용돌이 전류는 우회전 소용돌이 전류로 바뀌어서 S극으로 인해 N극을 그 뒤에서 되끌려고 한다.

그것은 소용돌이 전류의 방향전환으로 인해 동판 위에 출현한 S극이 막대자석의 N극과 서로 끌어당겨 막대자석의 뒤를 쫓아가는 작용이 발생한다는 것을 의미한다. 그래서 동판이 막대자석의 뒤를 쫓아서 회전운동을 시작하는 것이다.

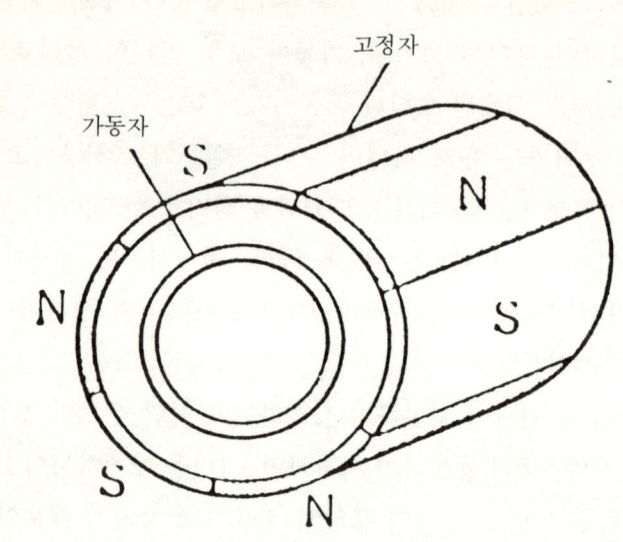

고정자

가동자

S

N

N

S

S

N

보통의 유도모터

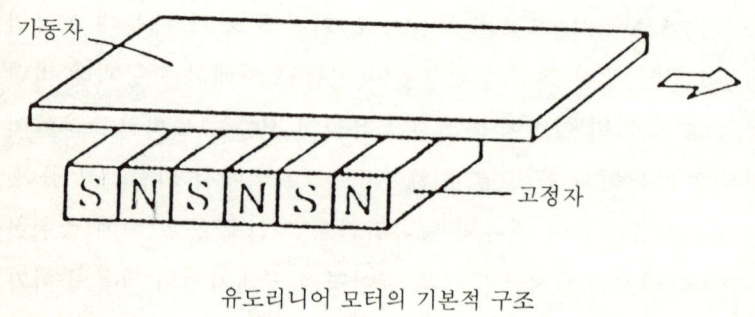

가동자

S N S N S N 고정자

유도리니어 모터의 기본적 구조

보통의 유도 모터의 경우는 바깥쪽 고정자의 감긴 선에 세 쌍의
전류를 보내면, 세 전류에 의해 만들어진 합성자계(合成磁界)가
회전해 간다. 고정자의 전자석은 움직이지 않지만, 세 개의 감긴
선 전류의 방향이 시시각각 변하기 때문에 각각에 발생한 합성자
계의 방향이 차례차례로 변하여 결과적으로 일정한 값의 자계가
회전하기 시작하는 것이다. 그것은 아라고의 원판의 경우, 막대자
석이 회전하는 것과 마찬가지의 원리로, 따라서 동판에 해당하는
가동자(可動子 : 바구니 모양의 코일)가 그 뒤를 쫓아서 회전하기
시작한다.

그런데 유도 리니어 모터카는 그림과 같이 그 고정자를 펴서
면상태로 해 버리고, 가동자도 면상태로 만들어서 고정자 위에
놓는다. 그와 같은 고정자에 전류를 통하면 역시 아라고 원판의
원리에 따라서 가동자는 움직인다. 다만, 회전하는 것이 아니라
고정자 위를 직선상으로 움직이기 시작한다. 보통의 유도모터와
마찬가지로 고정자 자계의 방향이 변함에 따라서 고정자의 자계
뒤를 가동자에 발생한 반대 방향의 자계가 뒤쫓음으로써 가동자
가 고정자 위를 달리는 것이다.

리니어 모터카의 경우, 큰 차량을 추진시켜 더구나 자기로 차체
를 공중으로 부상시키지 않으면 안되기 때문에 자계는 매우 강해
야 한다. 전자석에 의해서 강력한 자계를 발생시키기 위해서는
대전류(大電流)가 필요한데, 그래서 대량의 전력이 소비되어 리니
어 모터카가 과연 경제적으로 수지가 맞는지 어떤지 보증할 수
없게 되어 버린다.

그 벽을 뛰어넘게 하고 있는 것이 초전도재료(超電導材料)의

발견이다. 초전도재료란, 온도가 절대 영하에 가까워지면 전기저항이 거의 0이 된다고 하는 특수한 금속 내지는 합금이다. 초전도재료라면 전기저항으로 소비되는 에너지도 역시 거의 0이기 때문에 얼마 안되는 전력으로 강한 자계(磁界)를 발생시킬 수 있다. 예를 들면, 지름 5센티미터의 공간에 15테슬라(1테슬라는 1평방미터당 1웨버)의 자속밀도(磁束密度)를 발생시키기 위해서는 보통의 동코일의 경우 5메가와트(5000킬로와트)의 전력을 필요로 하지만 초전도재료를 사용하면 전력 소비량은 단자(端子)에 연결하는 리이드선에 대해서 뿐으로, 겨우 1킬로와트 정도에 불과하다. 전력소비량은 5000분의 1이라고 하는 말이 된다.

　리니어 모터카는 정지해 있을 때에는 보조 타이어로 지탱되고 있지만 일단 움직이기 시작하면 공중으로 뜨기 시작한다. 초전도

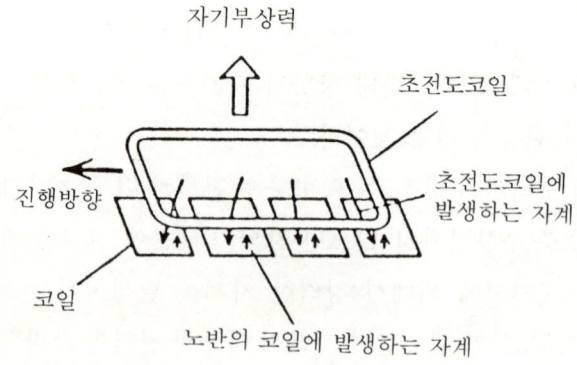

자기부상의 구조

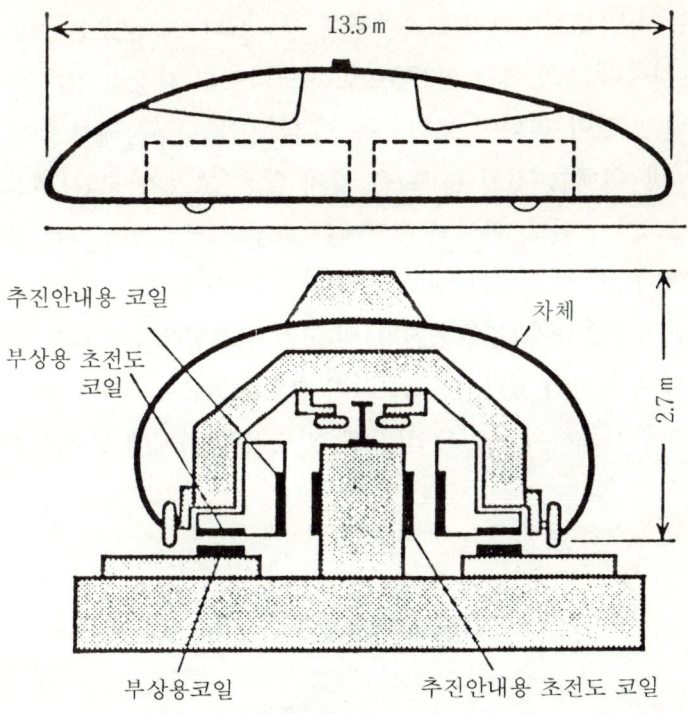

추진안내용 코일
차체
부상용 초전도
코일
13.5 m
2.7 m
부상용코일
추진안내용 초전도 코일

ML-500의 횡단면(위)과 종단면(아래)

코일에서 발생하는 자계가 노반상(路盤上)의 무수한 코일을 통과
함으로써 그 코일에 유도전류(誘導電流)가 흐르기 시작한다. 그
전류로 인해 그림과 같이 초전도 코일의 자계와는 반대방향의
자계가 발생한다. 그 때문에 같은 자극과 자극이 서로 반발한다고
하는 작용으로 리니어 모터카가 공중에 뜨는 것이다.

길이 13.5미터, 높이 2.7미터, 중량 10톤의 실험차(ML-500)가

거의 10센티 정도의 높이에서 공중을 날아간다. 1979년에도 ML-
500은 시속 15킬미터의 고속주행에 성공했다. 그 구조는 그림과
같은 것이다. 노반에는 역T형으로 콘크리트의 제방과 같은 것이
튀어나와 있어 리니어 모터카는 이것을 안고 부상해서 추진된
다. 노반 위에는 전원(電源)을 갖지 않은 고정자 코일(부상용
보통 코일)이 있고, 차량의 하단에는 그것과 서로 반발하는 가동
자(可動子)로의 코일(부상용 초전도 코일)이 있다.

또한 추진안내용(推進案內用)의 고정자 코일은 콘크리트 구조
물 벽에 부착되어 있다. 이 코일과의 상호작용으로 차체를 촉진시
키는 가동자로서의 초전도 코일은 그 맞은편 차체에 붙어 있다.

초음속 여객기(超音速 旅客機)

　항공기가 활주로를 달리기 시작하면 날개의 주위를 공기가 흘러간다. 날개의 단면은 그림과 같이 위로 불룩하게 설계되며, 또한 후면 보다 전면을 조금 높게 기울여서 기체에 장치하고 있다.

　이와 같이 날개를 설계하면 공기는 날개의 후방에서 비스듬히 아래쪽으로 흐름의 방향을 변경, 그 반작용으로 날개를 밀어올린다. 이 때 날개 상부의 공기 속도가 증가하고 하부의 공기 속도가 감소한다고 하는 식으로 공기는 흐른다.

　액체나 기체의 흐름에서는 속도와 압력에 반비례하기 때문에 항상 날개 상부의 공기 속도는 하부보다도 빠르고, 그 압력은 하부에 비해서 작다. 그것은 공기가 아래로부터 날개를 밀어 올리는 힘이 작용하고 있다는 것을 의미하며, 그 힘을 양력(揚力)이라고 한다. 무거운 항공기가 하늘을 날 수 있는 것은 이 양력이 항공기에 작용하는 중력(重力)보다 커지기 때문이다.

　그런데 항공기의 속도가 점차 증가하면 날개 전면의 공기 흐름

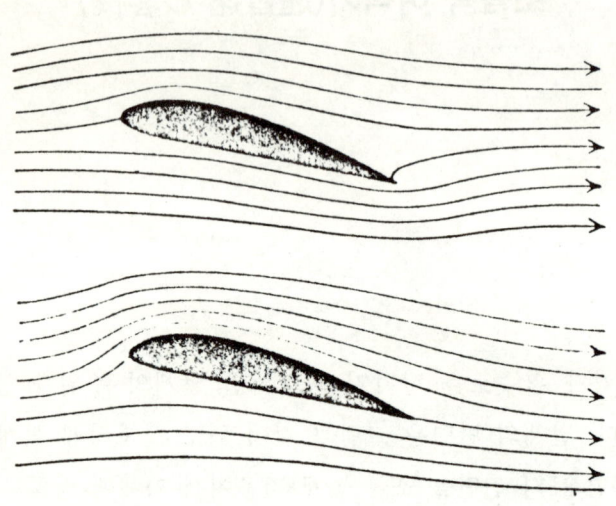

날개단면 주위의 공기 흐름
(처음에는 위와 같은 유선을 그리지만, 이윽고 아래와 같이 된다)

이 음속(音速)에 가까워진다. 그러면 날개 후면까지의 사이에서 이미 음속을 넘은 부분도 발생하기 때문에 거기에서 충격파가 발생하여 급격하게 압력이 변화하고, 항공기에 대한 공기저항이 커진다. 또한 그 불연속의 압력차 때문에 기체 표면으로부터 기류가 벗어져 떨어져서 항공기는 심하게 진동하고, 불안정해진다. 음속에 대한 물체의 속도비를 마하수라고 하는데, 항공기의 속도가 마하수 0.8도에서 1.2쯤, 즉 음속의 0.8배에서 1.2 배 정도로,

후퇴날개가 부착된 미공군 B52폭격기(공동통신사 제공)

이와 같은 현상이 발생하기 쉬워 비행기의 조종은 곤란해져 버린다. 또한 공기저항도 커지기 때문에 그만큼 더 한층 연료를 소비하게 되어 경제적으로도 불리하다.

날개를 기체에 대해서 직각으로 부착하지 않고, 후진 날개로 후방으로 구부려서 부착하면 음속에 가까워짐에 따른 충격파의 발생이나 공기저항의 증대를 상당히 예방할 수 있다. 보통의 직선날개라면 마하수 0.8정도로 공기저항은 갑자기 증가하지만 후퇴각을 45도 정도로 하면 마하수 0.95정도까지는 공기저항은 그다지 증가하지 않는다.

그렇지만 너무 후퇴각을 크게 하면 구조상 날개죽지가 약해지기 때문에 제트 여객기는 일반적으로 동체에 대한 수직선으로부

영국과 프랑스가 공동개발한 콩코드(공동통신사 제공)

터 20도 내지 35도 정도의 후퇴각을 취하고 있다. 후퇴각을 크게 취한데다가 구조상도 튼튼하게 만들려고 하면 후퇴날개는 삼각 날개가 되어 버린다. 전투기에는 삼각날개기가 종종 눈에 띄는데, 스페이스 셔틀(⇦)의 오비터(궤도선)도 역시 그것이다.

어쨌든 대부분의 제트 여객기는 후퇴 날개를 부착한데다가 그 순항속도(巡航速度)를 마하수 0.8에서 0.9정도로 억제하고 있다. 그런데 항공기가 음속을 초월하여 초음속 영역으로 들어가 버리면 충격파는 날개의 후단에 퍼져 버리기 때문에 날개가 직접 압력의 급격한 변화에 괴로움을 받는 일은 없게 된다. 또한, 물론 날개가 기체의 전단으로부터 충격파는 발생하겠지만 이것도 기체에 대한 공기저항을 증대시키지는 못한다. 그러므로 마하 1정도에서 최대치에 달한 연료 소비량은 그 후 계속 저하해서 마하 3.0 정도가 되면 0.8 정도일 경우의 연료 소비량과 마찬가지가 되어 버린다.

그래서 영국과 프랑스가 공동 개발한 초음속 여객기 콩코드는 순항속도를 마하 2.0에 두고 있다. 좀 더 빠르게 날지 못할 것도 없겠지만, 마하3.0정도의 속도가 되면 기체와 공기와의 마찰열이 높아져서 기체 표면의 최고온도는 300도를 넘게 된다. 그렇게 되면 알루미늄합금을 사용할 수 없고, 고가의 티탄합금을 사용하지 않으면 안 되기 때문에 경제적으로 불리해져 버린다.

콩코드는 최근의 대형 제트여객기에 비해서 대서양 횡단에는 적합하지만 태평양 항공에는 적합하지 않다. 게다가 국제선에서는 좌석수가 300에서 500의 대형기가 보통인데 반해서 콩코드의 좌석은 100에서 120에 불과해 승객 1인당 운항비가 비싸게 매겨진다. 결국 영국과 프랑스의 항공회사가 콩코드를 구입했을 뿐, 그 후에는 주문이 없어 생산 중지에 몰린 결과가 되었다.

인공위성

높은 산 위에 설치된 대포에서 수평으로 탄환을 발사했을 경우, 보통이라면 탄환은 어딘가에 순식간에 떨어져 버린다. 그러나 만일 그 속도를 어디까지나 낼 수 있다면 탄환은 한 번도 지구상에 낙하하지 않고, 지구를 빙빙 계속 주회(周回)할 것임에 틀림없다. 그림과 같이 이 일을 해낸 것이 인공위성이다. 다만, 탄환이 아닌 로케트를 지상으로부터 수직으로 발사하여 적당한 높이에 달했을 때 차차 방향을 수평으로 바꾸어 가서 지구의 주위를 회전하는 것이다. 로케트와 탄환의 차이점은, 탄환의 경우 그 운동 에너지원은 대포에서 떨어지지 않는 화약인데 반해서 로케트의 운동 에너지원으로서의 연료는 로케트 자신이 책임지고 간다고 하는 것이다. 그러므로 로케트는 비행하면서 방향을 바꿀 수 있다. 탄환의 경우는 발사된 순간에 그 운동의 방향과 시간이 결정되어 버려 그 다음은 그대로 계속 비행할 뿐이다.

그러나 로케트도 역시 수평으로 방향을 바꾸면 그 머리의 위성만을 남기고 나머지는 우주공간에 버려져서 인공위성은 탄환과

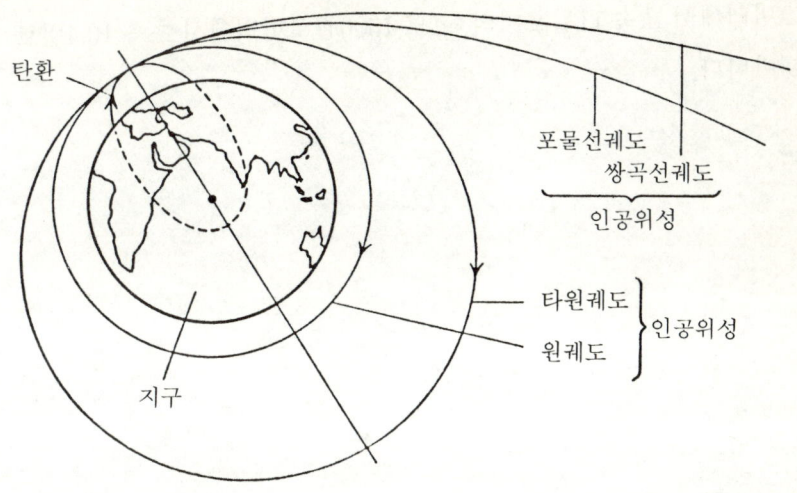

탄환의 속도가 증가함에 따라서 궤도가 변한다.

같이 그 관성(慣性)과 지구의 인력, 양자의 작용으로 지구를 회전
하는 것이다.

　로케트가 어느 정도의 속도로 수평 비행하면 지구상에 낙하하
지 않게 되는가 하면 그것은 고도에 따라 다르다. 200킬로미터의
높이라면 초속 7.78킬로미터이고, 1000킬로미터의 높이라면 초속
7.36킬로미터로 적당하다. 이와 같이 물체가 지상에 낙하하는
일 없이 지구를 주회하기 시작했을 경우의 속도는 원속도, 또는
제1우주속도(第一宇宙速度)라고 한다. 로케트의 속도가 좀 더
빨라지면 로케트는 지구의 인력을 완전히 뿌리치고 광대한 우주
공간으로 비행하기 시작해 버린다. 이 때의 속도는 탈출속도(脫出
速度) 혹은 제2우주속도(第二宇宙速度)라고 하는데, 고도200킬로

미터에서 초속 11킬로미터, 고도 1000킬로미터에서 초속 10.4킬로미터다.

아폴로 우주선

아폴로 우주선을 발사한 새턴5형 로케트는 그 전장(全長)111미터, 중량 2700톤, 발사추력은 약 4000톤이다. 추력(推力)이란, 로케트엔진이나 제트엔진의 추진력을 나타내는 용어로, 분사가스의 질량에 분사속도를 곱해서 얻어지는 수치다. 아폴로 우주선이 발사되어 61킬로미터의 높이에 달했을 때에는 제1단 로케트의 2150톤의 연료는 이미 다 연소해 분리되어 대서양 위로 낙하해 갔다. 동시에 제2단 로케트가 연료를 분사하기 시작해서 이윽고 그 연료를 다 사용하고 제2단 로케트를 버리면 다시 제3단 로케트가 활약해서 지구위 185킬로미터의 높이에 달했을 때에 아폴로 우주선의 속도는 제1우주속도(→59페이지)를 넘어 초속 7.81킬로미터로 높아진다. 이 때문에 우주선은 지구를 주회하는 궤도를 탈 수 있다. 이것이 발사 후 불과 12분 후의 일이다. 그리고 지구를 계속 주회하여 우주선의 총점검을 하고 발사 후 2시간 44분만에 제3단 로케트가 다시 연료를 분사하기 시작해서 아폴로 우주선의 속도는 제2우주속도(→59페이지), 즉 초속 10.83킬로미

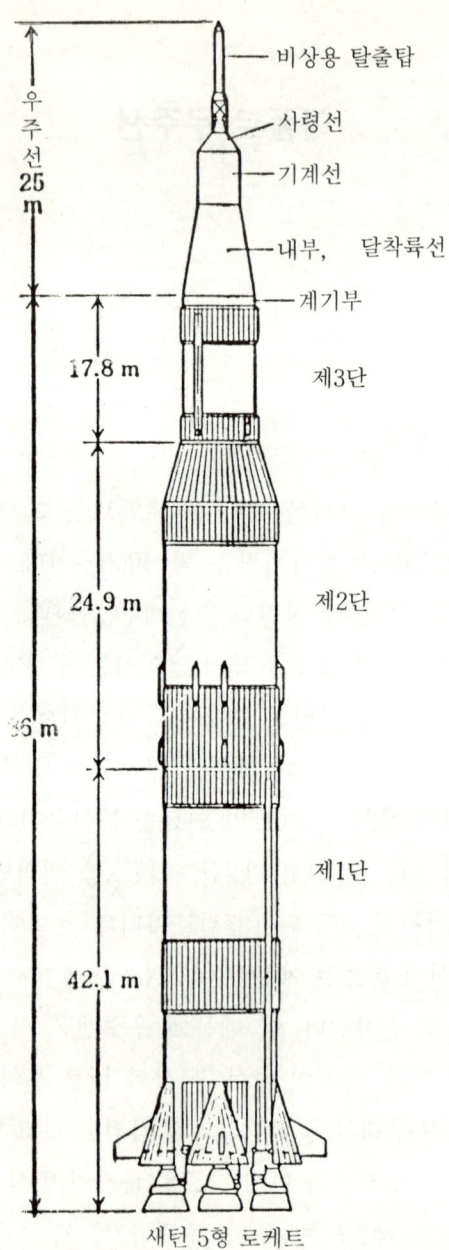

비상용 탈출탑

사령선

기계선

내부,   달착륙선

계기부

제3단

제2단

제1단

우주선 25 m

17.8 m

24.9 m

6 m

42.1 m

새턴 5형 로케트

터에 달한다. 이렇게 해서 아폴로 우주선은 달을 향하여 비행했던 것이다.

그 32분 후 우주선은 마치 서커스와 같은 아슬아슬한 재주를 해냈다. 사령선과 기계선이 결합하고 있는 모선(母船)이 달 착륙선과 3단 로케트의 결합부분에서 떨어져 조금 앞서 전진해가기 시작한다. 그리고 나서 180도 회전하고 달 착륙선을 향하여 역진해서 머리쪽부터 다시 결합해 버린다. 그 다음 이미 연료를 다 사용한 3단 로케트를 분리해서 다시 한 번 180도 회전하는 것이다. 이렇게 해서 머리에 달 착륙선을 부착하고 다음에 사령선이 연결되고, 그 꼬리에 기계선을 부착한 형태로 아폴로 우주선은 달을 향했다.

달에 가기까지는 이제 연료가 거의 필요하지 않다. 우주 공간은 초진공 상태(超眞空狀態)로 공기저항은 0이기 때문에 우주선은 자신의 관성(慣性)에 의해 같은 속도로 어디까지나 똑바로 계속 비행한다. 그러나 우주선이 미리 계산되어 있는 궤도로부터 조금씩 빗나가기 시작하면 지상의 컴퓨터가 바른 궤도와의 편차(어긋남)를 발견하고, 자세 제어용 로케트를 얼마의 시간, 어느 방향으로 분사하면 원(元) 궤도로 되돌아갈 수 있는지를 계산하여 그것을 우주 비행사에게 전달한다.

아폴로 우주선이 지구 주위의 궤도로부터 달을 향한 시각은 1969년 7월16일 1시 16분이었는데, 그 4일 후 7월20일 2시22분, 우주선은 달을 주회하는 궤도에 도달했다. 여기에서 기계선 로케트를 달을 향해 역분사(逆噴射)하지 않으면 안된다. 그렇게 하지 않으면 우주선은 달의 인력(引力)에 끌려서 달에 격돌해 버리기

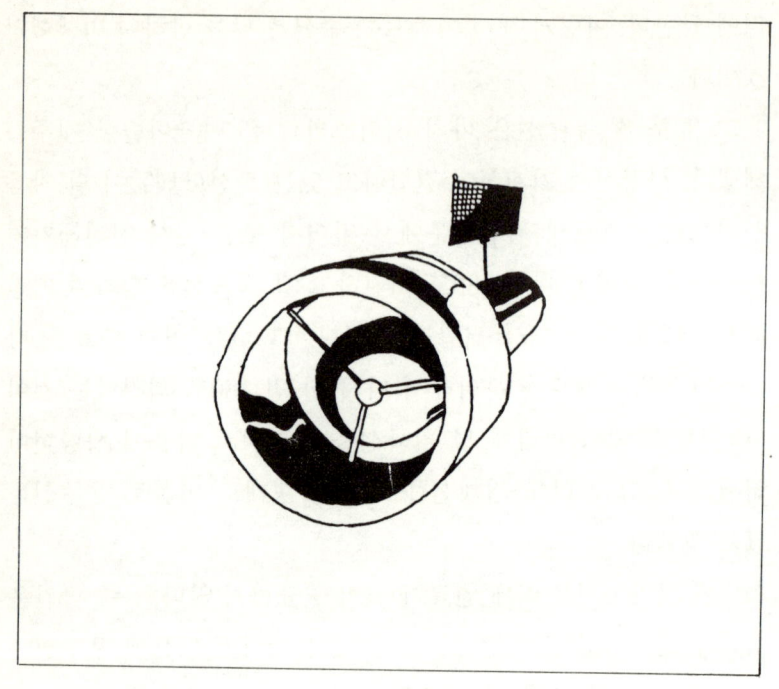

때문이다.

　달을 주회하는 궤도는 처음에는 가장 낮은 부분(근월점이라고
한다)에서 월면상(月面上) 113킬로미터, 높은 부분(원월점이라고
한다)에서 313킬로미터의 타원궤도였는데, 기계선 엔진의 분사로
인해 궤도는 수정되어 우주선은 근월점 101킬로미터, 원월점
121킬로미터라고 하는 원궤도를 주회하게 되었다. 그리고 7월21
일, 달착륙선은 우선 모선으로부터 떨어져 근월점(近月点) 14.8
킬로미터라고 하는 초저공 궤도로 이동하여 4시 8분, 로케트엔
진을 역분사하고 하강체제로 들어가서 5시 17분에 멋지게 달 표면
에 바로 섰던 것이다. 착지점은 예정지로부터 불과 6.5킬로미터밖

에 떨어져 있지 않았다. 두 사람의 우주 비행사는 달 표면에서 약 2시간 동안 여러 가지 작업을 했다. 돌을 채집하고 레이저((⇦)반사경이나 태양풍 측정장치를 부착해서 그 광경을 텔레비전 카메라에 담았다.

달 착륙선은 착지하고 나서 21시간 남짓, 달착륙선은 7월 22일 2시 55분에 하늘로 날아올라 모선이 주회하고 있는 궤도에 도달해서 양자가 결합했다. 우주 비행사가 사령선으로 옮겨 탄 후 달 착륙선은 사령선으로부터 분리되어 포물선을 그리며 태양계 공간 속으로 날아가 버렸다. 지구로 돌아올 때도 물론 거의 연료는 필요하지 않다. 지구에 가까워짐에 따라서 우주선은 그 인력의 영향을 받아 속도가 점차 빨라진다. 지구의 대기권에 가까워지자 다시 180도 반전(反轉)해서 기계선을 떠나 사령선만이 꼬리를 지구로 향한 상태가 되어 초속 10.9킬로미터로 대기권에 돌입했다. 사령관의 표면은 방열차폐판(防熱遮蔽板)으로 덮여 있지만, 그것은 공기와의 마찰열로 연소해 간다. 이윽고 3000미터의 높이에서 3개의 큰 패러슈트가 펴지고 7월 23일 1시 50분, 사령선은 태평양에 착수했던 것이다. 새턴 5형 로케트와 우주선을 합친 최초의 중량은 2700톤이었지만, 지구로 돌아왔을 때에는 불과 4.3톤의 사령선이 남았을 뿐이었다.

스페이스 셔틀

아폴로 우주선(⟨⇧⟩)은 한 번 발사되면 그 99.9%는 버려지고, 돌아온 사령선도 두 번 다시 사용할 수 없다. 스페이스셔틀은 예외로, 우주 공간과 지구 사이를 몇 번이나 왕복할 수 있는 우주선이다.

스페이스셔틀의 기체(機體)는 사람과 화물을 탑재하는 오비터(궤도선 ; 軌道船)를 중심으로 해서 발사 때 오비터의 로케트엔진에 추진제(액체수소와 액체산소)를 공급하는 외부탱크, 더욱이 발사 때에 점화되는 2개의 고체 로케트로 구성되어 있다.

오비터 자체는 전장 37.03미터, 전폭 23.8미터의 삼각날개기로 자중(自重)은 68톤, 굵은 동체의 반 이상은 길이 18.3미터, 지름 4.6미터의 화물실 내지는 실험실이 차지하고 있다. 여기에 외부탱크나 고체 로케트가 부착되면 전장 56.14미터, 전중량은 약 2020톤으로 새턴 5형 로케트의 거의 4분의 3이 된다. 다른 우주 로케트와 마찬가지로 중량의 대부분은 연료이다. 오비터의 바닥 부분에는 3기의 로케트엔진이 있는데, 그 추력은 각각 213톤, 2개의

발사대의 스페이스셔틀(공동통신사 제공)

고체 로케트 추력은 각각 1202톤이다.

1981년 4월12일 21시에 1호기 콜롬비아는 이 로케트의 모든

귀환한 콜롬비아호(공동통신사 제공)

연료를 분사시키고 수직으로 상승했다. 약 2분만에 고체 로케트
는 연료를 다 사용하고 외부 탱크로부터 분리되어 50킬로미터의
고공으로부터 낙하했다. 도중에서 패러슈트가 펴지고, 감속되어
착수한 로케트는 특별히 설계된 회수용(回收用) 인양선에 의해
공장으로 가지고 돌아갔다. 이 로케트는 20회 이상 사용되게 되었
다.

　오비터는 자기의 로케트로 계속해서 상승했다. 발사 후 9분,
120킬로미터의 고도에 달했을 때 외부 탱크도 역시 텅비게 되었
다. 분리된 탱크는 대기권으로 돌입해서 공기와의 마찰열로 다
연소해 버렸다. 스페이스셔틀의 주요한 구성부품 중에서 버려진
것은 이 탱크뿐이다.

  3기의 로케트엔진은 정지해 버리지만, 수직꼬리 날개죽지의
양옆에 추력(推力) 2.7톤 정도의 로케트엔진이 아직 존재하고
있어 이 엔진의 추력으로 오비터는 2번 가속한 끝에 고도 241킬로
미터의 원궤도로 들어갈 수 있었다.

  아폴로 우주선과 달리 스페이스셔틀은 인간이 활동하는 공간을
크게 취하고 있다. 세 사람의 우주 비행사가 있는 조종실 외에
네 사람의 과학자나 기술자들이 실험하거나 관측하거나 하는
실험실 내지는 화물실이 있다. 여기에서 무중력(無重力) 상태나
고진공(高眞空)을 이용한 실험, 혹은 천체관측(天體觀測) 등을
할 수 있고, 또한 최대 29.5톤 정도의 화물을 수용하고 이승해서

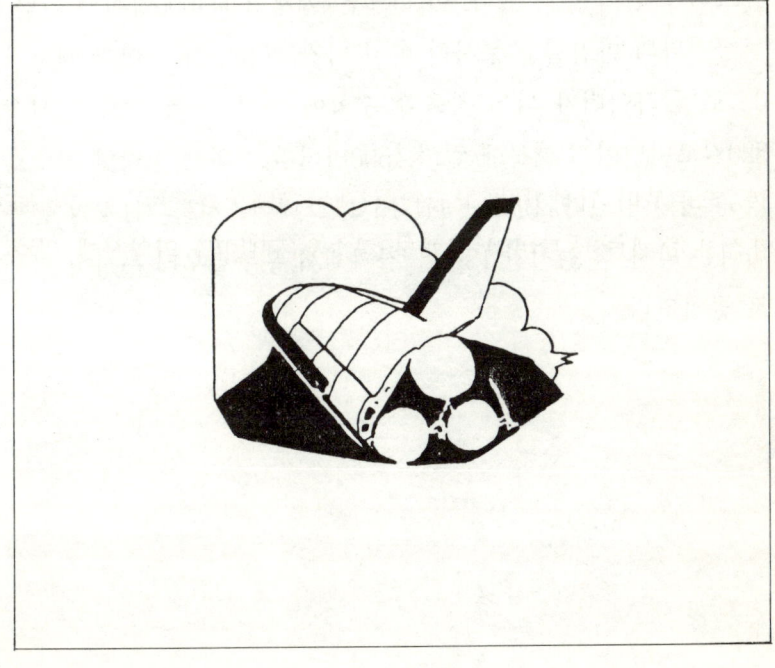

7일간 비행한 끝에 그 반을 실은 다음 대기권으로 돌입해 돌아올 수 있다. 그러나 이 때문에 스페이스셔틀은 겨우 1100킬로미터 정도의 고도까지밖에 상승할 수 없다.

우주공간에서의 작업을 끝낸 스페이스셔틀은 지구로의 귀로에 오르지만 작은 로케트를 역분사시켜 계속 감속하여 대기권으로 돌입할 때의 속도는 초속 약 8킬로미터다. 공기와의 마찰 때문에 기수(機首)가 받는 열은 섭씨 1380도에서 1440도라고 하는데, 그 방열차폐판에는 탄소섬유를 주성분으로 한 복합재료(⟨⟩)가 사용되고 있으며, 1650도의 온도까지는 견딜 수 있다. 그밖의 부분에서 1000도 이상의 열을 받는 곳에는 검게 표면처리를 한 규소의 타일이 깔리고 650도 이상의 열을 받는 곳에는 희게 표면 처리된 규소의 타일이 깔려 있다. 이 타일은 합계 3만 4000장이나 된다.

공기와의 마찰열을 무사히 빠져 나간 콜롬비아는 이미 연료가 0으로 글라이더가 되어 착륙할 수밖에 없다. 착륙 속도는 시속 320킬로미터이기 때문에 길이 4500미터라고 하는 장대한 활주로가 준비되어 있다. 1981년 4월 15일, 스페이스셔틀 제1호의 콜롬비아는 발사 후 54시간 13분을 경과해서 우주로부터 무사히 지구로 돌아왔다.

통신위성

어느 곳을 가더라도 산이나 언덕이나 높은 빌딩 위엔 바퀴와 같은 모양을 한 파라볼라안테나가 세워져 있는 것을 볼 수 있다. 파장(波長)이 매우 짧은 마이크로파는 가는 빔상태의 전파가 되어 직진하기 때문에 산 등의 장해물을 만나면 그곳에서 진행을 방해받는다. 그래서 앞이 내다 보이는 높은 곳에 파라볼라안테나를 세워 그곳에서 전파를 수신(受信)하고 증폭(增幅)해서 다음 안테나로 보내는 것이다.

통신위성은 지구의 아득히 먼 상공에 있고, 이 이상 전망이 좋은 곳은 없다. 지상 여기저기에 파라볼라안테나를 세우는 대신 우주 공간의 통신위성에 안테나를 설치하여 수신한 전파를 증폭해서 지상의 필요한 곳에 전파를 보내는 통신 시스템이 발달해 왔다.

통신위성은 지구의 자전속도와 동일한 속도로 지구의 적도위를 주회하고 있다. 그러므로 지구에서 보자면 그것은 우주 공간의 어느 한 점에 정지해 있는 것처럼 보인다. 그래서 통신위성을

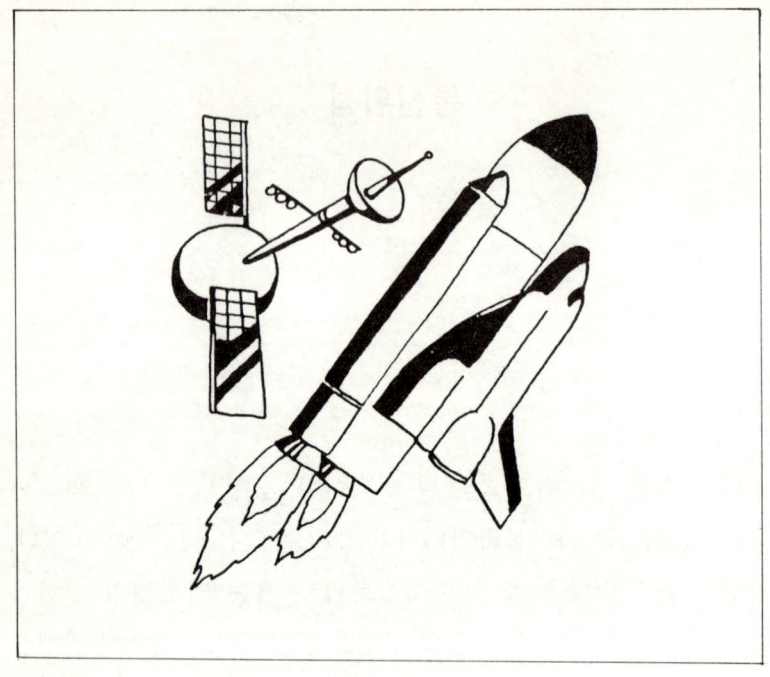

정지위성(靜止衛星)이라고 부르는 경우도 있다. 그리고 그림과
같이 120도의 각도로 적도 위에서 지구 표면을 멀리 바라볼 수
있는 위치에 3개의 통신위성을 배치하면 모든 우주통신관계의
전파를 중계할 수 있을 것이다. 이 때의 고도는 3만 5860킬로미
터, 그 높이를 유지하면서 지구의 자전속도 23시간 56분 4초로
지구를 주회하기 때문에 그 속도는 초속 11.07킬로미터가 된다.
  통신위성의 전원(電源)은 주로 태양전지(⇦)이다. 위성의 본체
는 그 태양전지의 패널로 원통 모양에 에워싸여 그 일단에 파라볼
라안테나가 앞으로 쑥 나온 모양이 된다. 그 통신위성도 아폴로
우주선(⇦)과 마찬가지로 발사용 로케트의 소부분(小部分)을

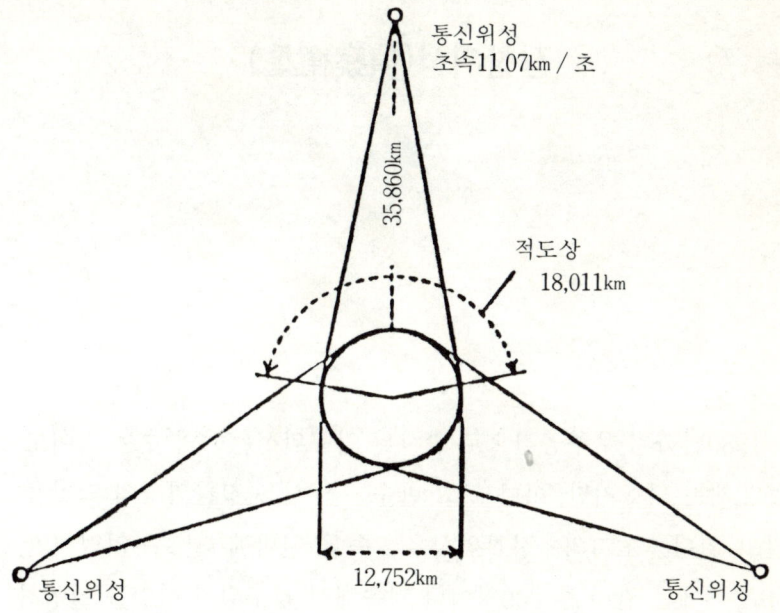

통신위성
초속11.07km / 초

35,860km

적도상
18,011km

통신위성

12,752km

통신위성

지표를 커버하는 통신위성

이루고 있는 것에 불과하다.

  통신위성의 경우, 통신기기에 고장 등이 발생하면 지상과는
달리 지금 단계에서 인간으로는 수리가 불가능하기 때문에 기기
의 신뢰성은 매우 높지 않으면 안된다. 장래는 고성능의 스페이
스셔틀(⇦)과 같은 우주선이 다가가서 수리를 맡게 될지도 모른
다. 그러나 지금 단계에서 스페이스셔틀은 통신위성의 발사기지로
서 생각되고 있다.

정찰위성(偵察衛星)

　1980년까지 우주공간으로 발사된 인공위성(⇦)의 수는 적어도 2500개는 되겠지만, 아마도 그 반수는 군사용 정찰위성의 역할을 맡고 있다. 초기의 정찰위성은 수십 일밖에 날 수 없었지만, 1977년에는 발사 후 300일이나 계속해서 지구위의 사진을 촬영하고 있는 것도 있다.

　최근의 미국 정찰위성은 필요한 촬영을 마치면 위성의 본체로부터 필름이 들어 있는 캡슐을 분리한다. 그것은 대기권으로 돌입해서 이윽고 패러슈트를 펴고 강하해 온다. 캡슐은 특정한 전파를 계속 발신하고 있기 때문에 그것을 의지하여 항공기나 배가 낙하지점을 향해서 전진, 항공기는 공중에서 패러슈트를 낚아올려 회수한다. 항공기가 실패하면 해상에서 배가 건져 올리도록 짜여져 있다. 스페이스셔틀(⇦)의 한 가지 중요한 목적도 지상의 정찰에 있다. 집점거리(集点距離) 600미리의 카메라를 설치하여 세로 23센티, 폭 46센티의 화면 필름에 지상의 상황을 촬영한다. 이 카메라를 사용해서 지구의 전 육지 면적을 약700장의 사진으로

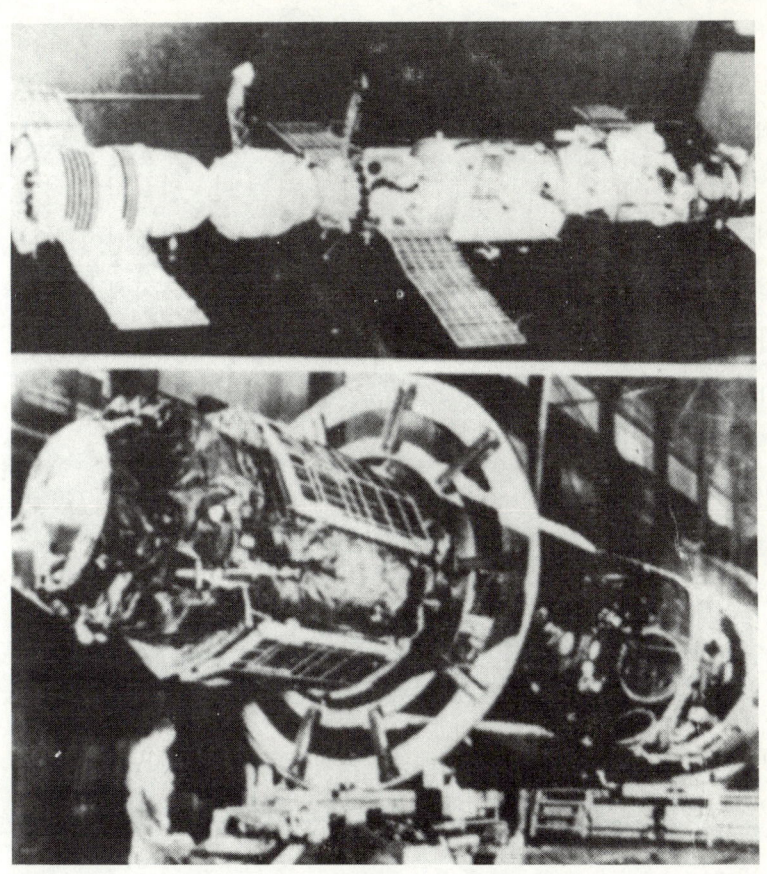

소련의 궤도 스테이션사류트와 소유즈11호의
도킹모형사진(상)과 사류트의 구조(아래)(WWP제공)

뒤덮을 수 있다. 그로 인하여 10만분의 1 내지는 5만분의 1의
지도 제작이 가능하다고 한다.

소련에서는 소유즈와 사류트라고 하는 두 인공위성이 고도

300킬로미터의 우주 공간에서 결합하며, 그 우주 기지는 1980년에 185일이나 지구를 주회할 수 있었다. 그것이 1982년 3월까지의 우주체재일수(宇宙滯在日數) 최장기록이다. 그 중요한 목적은 지구 표면의 촬영이다.

이 우주 기지에 다시 프로그래스라고 하는 인공위성이 결합하여 그곳으로부터 새롭게 식량이나 필름이 운반된다. 촬영이 끝난 필름은 프로그래스로 옮겨져 그것은 그대로 소련 육지에 귀착한다. 이 경우도 10만분의 1 내지는 5만분의 1의 지도 제작이 가능하다고 한다.

ICBM(대륙간 탄도무기)

미사일이란 바다에서 말하는 어형수뢰(魚形水雷)와 같은 것이다. 어형수뢰는 적함을 노리고 전진해 가기 위한 추진력을 자신이 책임지고 있다. 그 발사를 위해서는 큰 대포가 필요하지 않다. 다만, 대부분의 어형수뢰는 스스로 자신의 진행방향을 제어할 수 없다. 한 번 발사되면 그 방향대로 똑바로 전진할 뿐이다. 여기에 반해서 유도미사일은 로케트엔진의 연료가 부착되어서 추력을 잃기까지는 혹은 로케트엔진을 분리하기까지는 미사일의 위치를 끊임 없이 검출하여 목표에 명중할 수 있는 궤도로부터 벗어나 있으면 바른 궤도로 되돌아갈 수 있는 유도 시스템 조직으로 짜여져 있다.

로케트엔진으로 가속되어 세계에서 첫 유도미사일로서 발사에 성공한 독일의 V2호조차 초속 1500미터(시속 5400킬로미터)에 달하고 있기 때문에 상대에게는 거의 보이지 않고, 피할 수도 없다. 제2차 세계대전 중 V2호의 공격을 받은 런던 시민은 말할 수 없는 공포를 느꼈다.

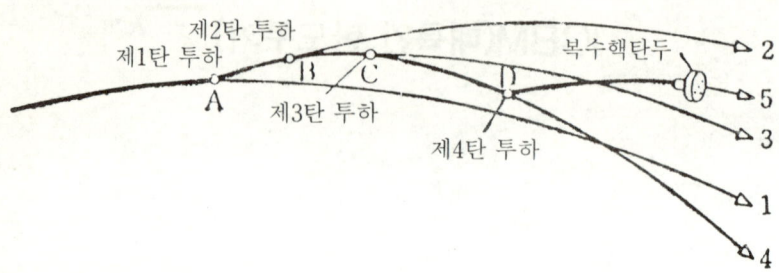

제2탄 투하
제1탄 투하
복수핵탄두

MIRV(다탄두 개별유도재 돌입체)의 공격방법

　오늘날 발달한 전략 미사일은 로케트의 선단에 부착되어 있는 핵탄두(核彈頭)로, 수 개부터 10개 정도의 핵무기를 장비하고 있다. 그 복수(複數) 핵탄두는 우주공간으로부터 대기권에 재돌입한 후에도 그 자신의 소형로케트엔진과 유도장치로 비행을 계속하여 다음과 같이 우선 A점에서 제1핵탄두와 떨어져서 방향을 바꾸고, 다음에 B점에서 제2핵탄두와 떨어져서 다시 방향을 바꾼다고 하는 식으로 차례차례 핵탄두를 발사하고, 마지막에는 자기 자신의 목표를 향하여 돌진해 간다. 이와 같은 미사일은 다탄두 개별유도 재돌입체(多彈頭 個別誘導 再突入體 ; MIRV ; Multiple Independently Targeted Re-entry Vehicle)라고 불린다. 1기의 미사일이라고 해도 그 파괴력은 종래의 전쟁에서는 상상도 할 수 없을 만큼 큰 것이다.

　그 사정거리도 장대한 것이 되었다. 미국의 아틀라스나 미니트 먼이나 소련의 T-3A는 시속 2만킬로로, 1만킬로 저쪽의 목표를 공격할 수 있다. 지구의 주위가 거의 4만킬로이니까, 실로 그 4

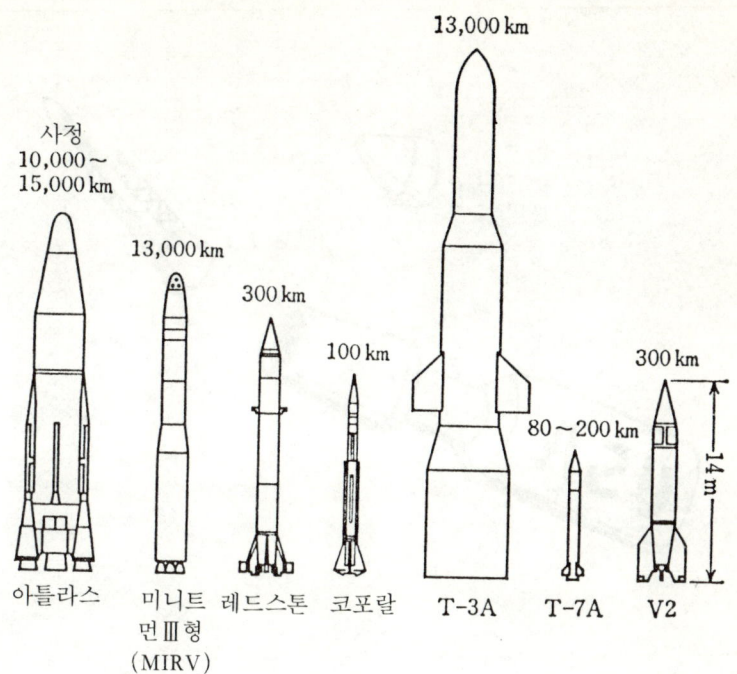

각 미사일의 크기와 사정

분의 1을 불과 30분만에 날아가 버린다. 이와 같이 장거리를 비행하는 미사일은 대륙간 탄두무기(ICBM Intercontinental Ballistic Missile)라고 불린다.

　이 정도의 장거리를 비행하기 때문에 아폴로우주선(⇔)의 경우와 마찬가지로 미사일 중량의 대부분은 연료다. 그리고 3단 혹은 4단의 로케트엔진을 가지고, 각 엔진이 연료를 다 사용할 때마다 분리해서 대기권을 빠져 나가 약 100킬로미터의 고도에 이른다. 그리고 나서 다음은 핵탄두가 그 관성에 의해 우주공간을 비행하

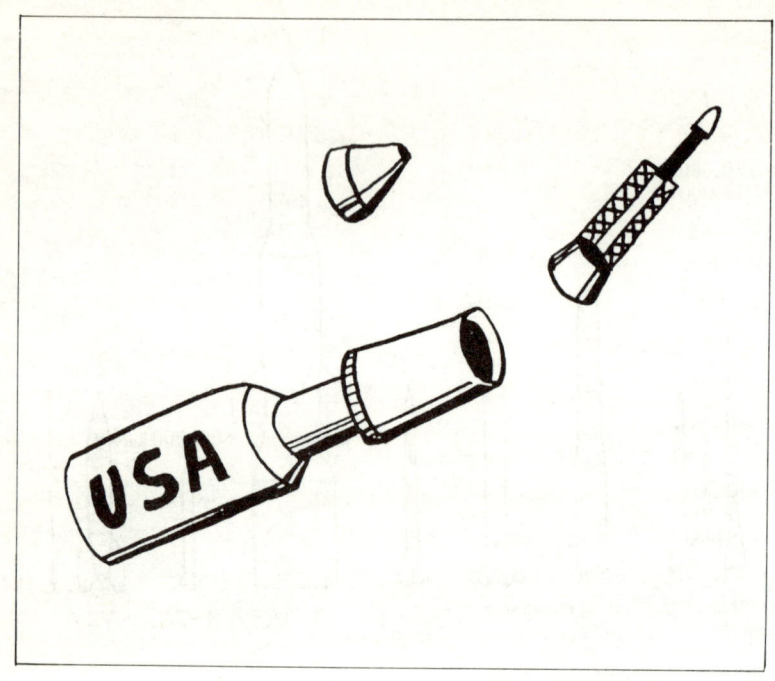

며, 목표 상공 부근에서 대기권으로 재돌입한다.

　로케트엔진을 몇 단이나 포개고 있는 이유는 핵탄두의 속도를 가능한 한 증가시키기 위해서이다. 로케트엔진의 추력(→61페이지)은 단위시간에 분사하는 가스의 질량과 그 분사속도(噴射速度)의 면적과 같다. 그래서 새턴 5형 로케트(→61페이지)에 대해서 말하자면 제1단의 엔진에서 3470톤의 추력을 얻은 다음에 제2단의 엔진이 526톤, 제3단의 엔진이 다시 93톤의 추력을 가하면 로케트의 추력은 합계 4089톤이 되며, 속도는 그만큼 증가한다. 더구나 대중량(大重量)의 연료를 엔진 모두 공중으로 내던지고 가기 때문에 로케트의 중량은 그 때마다 대폭으로 가벼워져서

로케트에 가해지는 중력은 저하되고, 그 때문에라도 속도는 증가
한다. 그러므로 로케트엔진의 속도를 증가해 가면 팽대한 연료를
사용하면서도 어디까지나 속도를 낼 수 있다.

　게다가 로케트엔진은 연료에 필요한 산화제(酸化劑)를 액체산
소나 과산화수소와 같은 형태로 스스로 책임지고 있기 때문에
미사일은 진공의 우주 공간을 비행할 수 있다. 단, 그만큼 중량이
증가하기 때문에 로케트엔진을 장시간 작동시키는 것은 경제적으
로 불리하다. 아무리 고속으로 비행한다고 해도 로케트를 지구상
의 여객기로 사용하는 일은 생각할 수 없다. 30분만에 1만킬로를
비행하는 ICBM이라도 스스로 날고 있는 시간은 6분에서 8분 정도
에 불과하다.

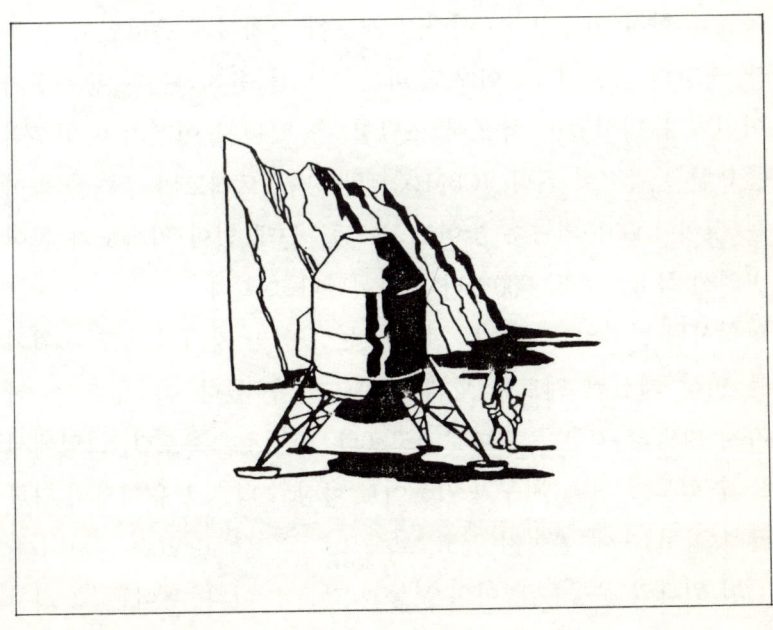

관성유도(慣性誘道) 시스템

　미사일은 로케트엔진에 의해서만 고도100킬로미터나 상승할 수 있지만 그 쯤에서 로케트　엔진의 추력은 거의 0이 되어 엔진은 분리되고 있다. 그러므로 그 순간 미사일의 위치와 시각이 목표를 향하는 공간적·시간적 궤도에 정확하게 올라있고, 또한 그 순간의 속도가 그 이후도 바른 궤도를 유지하는데 충분한지 어떤지가 미사일이 목표에 도달할 수 있는지 어떤지의 최후의 중요한 갈림길이 된다. ICBM(⇦)의 경우, 로케트의 추력을 죽이는 것이 1000분의 1초 늦어도 그만큼 쓸데 없이 가속도가 붙어버려서 목표로부터 600미터나 벗어난다고 한다.

　발사된 미사일은 스스로 날고 있는 동안만 자기의 속도나 위치를 미리 계산된 궤도를 향해서 유도할 수 있다. 그 유도 중 한 가지 방법의 기본은 자이로스코프다. 자이로스코프란, 그림에서 볼 수 있듯이 짐벌(지구가 기울어도 항상 수평으로 유지하기 위한 균형 장치)속에 놓여져 있고, 고속으로 회전하고 있는 원판이다.

　이 원판의 운동은 팽이의 운동과 같은 것이다. 팽이는 그 회전

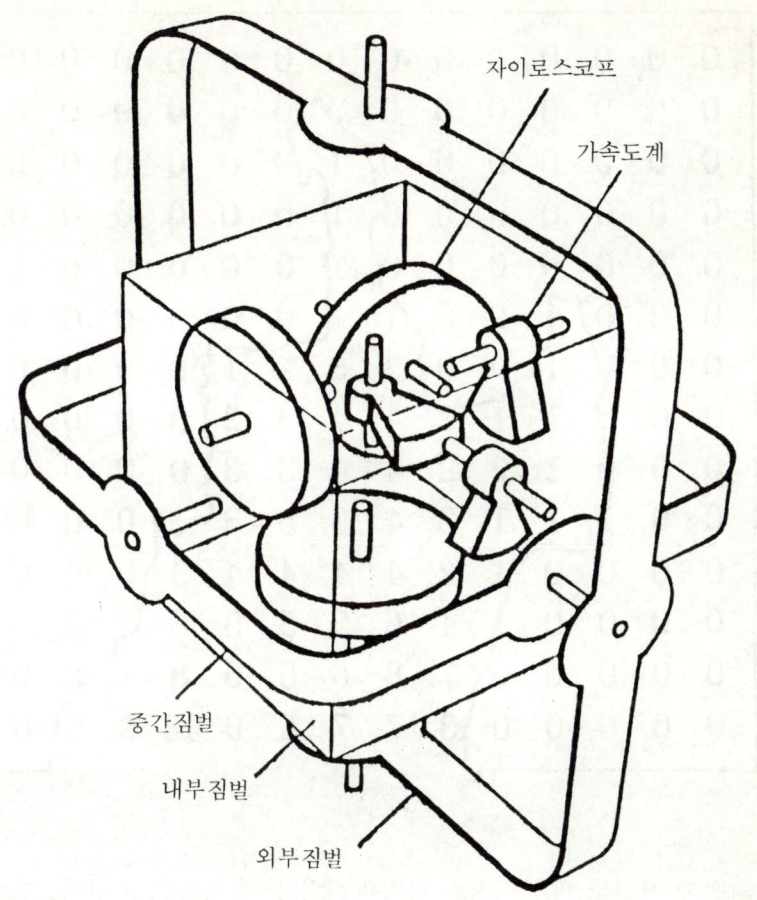

자이로스코프

가속도계

중간짐벌

내부짐벌

외부짐벌

관성유도의 시스템

축과 같은 방향으로 계속 유지하려고 한다. 공중으로 발사되더라
도 팽이는 원래의 축방향을 유지하고 있다. 그러므로 팽이는 속도
가 떨어지지 않는 한 좀체로 쓰러지지 않는 것이다.

이것은 팽이의 어느 부분이나 관성으로 인해 회전축에 대해서
수직적인 위치에 있으려고 하는 것을 의미하며, 공통의 수직선인

디지털맵

회전축 자신도 마찬가지로 자기의 방향을 유지하려고 한다. 그러
므로 자이로스코프도 역시 관성의 법칙에 따라 그 회전축을 최초
에 설정된 대로 유지하려고 한다. 이와 같은 자이로스코프의 회전
축을 일정방향으로 설정해 두고, 거기에 가속도계(加速度計)를
연결해 두면 가속도계의 축도 역시 항상 일정하게 유지되게 된
다. 그것이 가속도계가 바르게 작용하기 위한 불가결의 조건이
다.

가속도계는 문자 그대로 미사일 자신의 가속도를 측정하는 계기이다. 그림에서 볼 수 있듯이 자이로스코프도, 가속도계도 3개씩 짐벌 속에 놓여져 있는 이유는 상하, 좌우, 전후 세 가지의 가속도를 알기 위해서다. 가속도계로 인해 각 시각에서의 가속도를 알면 미사일 발사시의 속도와 위치, 게다가 발사 이후의 경과시간을 알 수 있기 때문에 각각의 시각에서의 미사일 속도와 위치를 계산할 수 있다. 이것은 물론 ICBM에 실려 있는 컴퓨터(⟸)가 해내는 일이다.

이렇게 해서 가속도계는 항상 미사일의 현재위치를 측정해서 그것과 미사일의 바른 궤도와의 편차를 검출한다. 그리고 컴퓨터는 그 편차를 부정하고 미사일이 원 궤도로 되돌아오기 위해서는 로케트로부터의 분사가스 속도를 어떻게 변경하면 좋을지를 계산하고, 그 지시에 따라서 엔진이 작동하는 것이다. 이렇게 해서 미사일은 로케트가 추력을 잃은 순간에 미리 계산된 대로의 위치와 속도를 확보할 수 있도록 날아간다. 이것이 6분에서 8분 사이에 이루어지는 ICBM의 관성 유도시스템이다.

게다가 오늘날의 ICBM은 로케트엔진이 분리되어 그 추력이 0이 된 후라도 아직 미사일의 핵탄두는 소형 로케트엔진과 관성유도시스템을 끼고 있다. 이것은 우주 공간을 날기 위해서가 아니고, 대기권으로 재돌입한 후 지상의 목표에 더욱 정확하게 도달하려고 하기 때문이다.

핵탄두는 대기권으로 들어오면 탑재되어 있는 컴퓨터가 지상의 지도를 읽고, 지도 위의 미리 계산된 궤도를 전달해 간다. 지도라고는 해도 보통의 지도가 아니라 예컨대 그림과 같이 지형(地形)

의 고도를 숫자로 표시한 지도로, 디지탈맵이라고 한다. 컴퓨터는 이 숫자에서 숫자로 옮겨가는 목표에 대한 궤도를 기억하고 있는 것이다.

핵탄두는 레이더 고도계로 자기의 고도를 알고, 그것과 컴퓨터의 기억과의 편차를 검출해서 자동적으로 궤도를 수정하여 미리 결정된 목표에 정확하게 접근해 간다. 복수 핵탄두가 각 핵탄두의 발사위치와 그곳에서의 속도를 정확하게 포착할 수 있는 것은 이 때문이다. MIRV에게 겨냥되면 단 1기로 수개의 대도시나 군사시설이 괴멸해 버리는 것이다.

순항(巡航) 미사일

유도미사일에는 발사부터 목표 도달까지 계속 유도 시스템을 작동시키고 있는 것이 있다. 순항미사일은 그 일종이다. 순항미사일은 해면위에서는 약 20미터, 구릉지대(丘陵地帶)에서는 약50미터, 산악지대에서는 약 100미터라고 하는 초저공을 유지하고, 마하수(→54페이지) 0.8정도의 속도로 500킬로미터에서 1000킬로미터를 계속 비행할 수 있다. 대기중을 비행하기 때문에 로케트엔진을 사용하지 않고 제트엔진을 사용한다. 어째서 이렇게 낮게 비행하는가 하면, 이 초저공의 경우 상대국의 레이더는 미사일의 영상을 포착할 수 없기 때문이며, 또한 저공으로 유도되어 가기 때문에 매우 정확하게 목표에 도달한다. 2000킬로 날고, 그 오차는 100미터 정도라고 한다.

사실은 제2차 세계대전 중에 독일에서 최초로 발사된 미사일 VI호는 펄스제트라고 하는 제트엔진을 부착하고 있었다. 동체(胴體)내에 자이로스코프에 의한 자동조종 장치를 설치하고, 시속 480킬로에서 570킬로 정도로 런던을 향해 날았다. 동체의 선단부

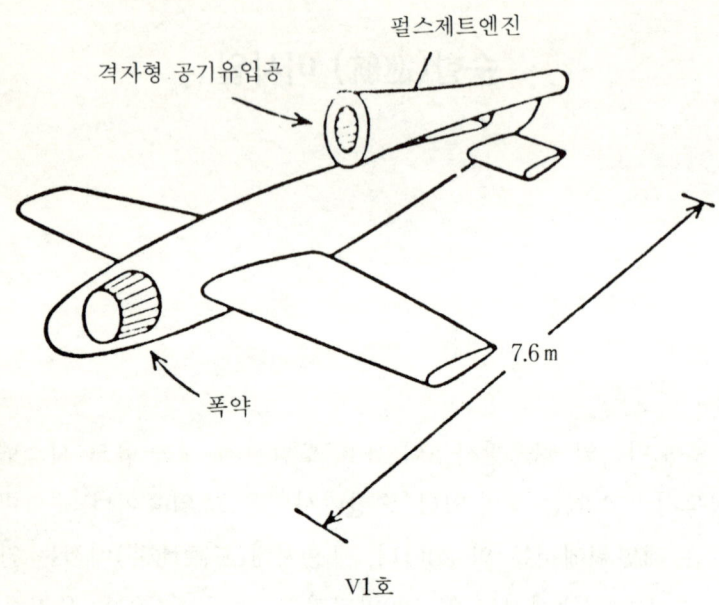

격자형 공기유입공　　펄스제트엔진

7.6 m

폭약

V1호

에 800킬로그램에서 1톤의 폭약을 실고 있었으니까 당시로서는 놀랄만한 파괴력을 가지고 있었다.

　　그러나 당시 영국에는 Ⅵ호를 상회하는 속도의 제트전투기와 레이더가 역시 배치되어 있었기 때문에 발견했다면 그 자리에서 격퇴할 수도 있었다. Ⅵ호에는 조종사가 타고 있지 않았기 때문에 겨냥되면 피할 도리가 없었던 것이다. 게다가 자동조종 장치도 별로 정확하지 않아서 발사된 8070기 중 2000기 정도는 목표에서 크게 빗나갔다고 한다. 그로부터 거의 40년 지나서 등장한 미국의 순항미사일은 Ⅵ호의 현대판이라고 할 만한 것으로 무인(無人)비행기라고 해도 괜찮을 것 같은 미사일이다.

그림(90페이지)에 보이는 것은 전략순항(戰略巡航) 미사일로 발사 때에는 로케트엔진을 사용한다. 로케트는 연료를 다 사용하면 분리되고 다음은 제트엔진으로 비행한다. 이 엔진은 터보팬엔진이라고 불리는데, 터보팬엔진의 개량형으로 전면에서 들어오는 공기의 일부가 연소실을 거치지 않고 그 바깥쪽을 빠져나가 배기공(排氣孔)에서 분출가스와 합류하는 설계로 되어 있다. 이 때문에 종래의 터보팬엔진보다도 추력이 증가하여 적은 연료로 보다 장거리를 비행할 수 있다. 사실은 오늘날의 신형 제트여객기도 거의 이 터보팬 엔진을 사용하고 있다. 이 엔진이라면 소비 연료가 적고, 소음도 또한 낮기 때문이다. 그런데 이 전략순항미사일은

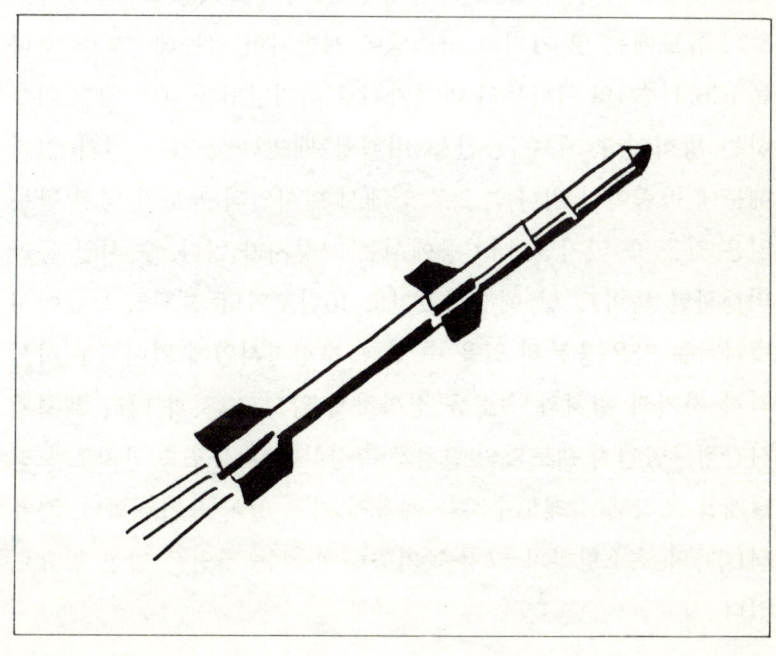

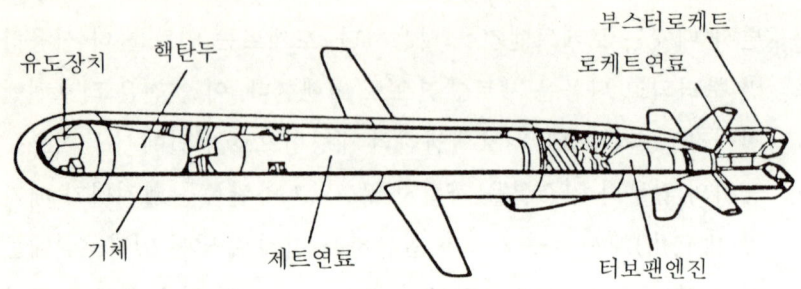

유도장치　핵탄두　　　　　　　　　　　　　부스터로케트
　　　　　　　　　　　　　　　　　　　　로케트연료

기체　　　　제트연료　　　　　　　　터보팬엔진

미해군에서 개발중인 전략 순항미사일

전장 6.24미터로, VI호보다 작지만 핵탄두를 장비하고 있기 때문
에 그것과는 전연 비교도 되지 않는 파괴력을 가지고 있다. 목표
로의 유도에는 몇 가지의 시스템이 개발되어 있는데, 그 중 하나
는 ICBM(⇦)의 핵탄두와 마찬가지로 디지탈맵을 계속 읽고 비행
하는 방식이다. 우주 공간을 비행할 때에는 공기는 거의 없기
때문에 바람이나 비나 눈으로 인해서 미사일의 궤도가 영향 받는
일은 있을 수 없지만, 대기중에서는 그렇지가 않다. 수 시간 동안
비행하면 똑바로 날 예정이었어도 10킬로미터 전후로 목표에서
빗나가는 일은 충분히 있을 수 있다. 순항미사일에 있어서는 시시
각각 자기의 위치와 속도를 정확하게 알고, 그것과 미리 계획된
시간적·공간적 궤도와의 편차를 측정하며, 자동조종 장치로 꼬리
날개를 조작해서 궤도수정을 계속해 가는 일이 불가결하다. 컴퓨
터(⇦)의 초소형화가 그것을 가능하게 하는 것임은 말할 필요도
없다.

인공위성을 사용하는 유도시스템도 개발되고 있다. 지구상의 어떤 곳으로부터도 최저 4개의 인공위성이 보이듯이 24개의 인공위성을 발사해서 4개의 위성으로부터의 암호 전파를 순항 미사일이 수신하도록 한다. 미사일은 자기의 위치를 알려올 뿐 아니라 각각의 전파의 도달시간차를 알 수 있기 때문에, 미사일은 자기의 현재위치가 어디인지 내장하고 있는 컴퓨터에 의해 정확하게 계산할 수 있다. 디지탈맵을 독해하는 시스템에 비해서 이쪽이 더 안정적이고, 그 오차도 또한 3차원에 대해서 100미터 이내라고 한다.

화약 폭탄을 끼고 수 백킬로를 비행하는 전술미사일은 인공위성을 이용하는 유도 시스템을 채용할 가능성이 있다. 또한 전술순항미사일의 엔진에는 작동시간 15분 이하로 설계되어 있다. 말하자면 사용하고 버리는 싼 가격의 터보제트엔진이 장비되어 있다. 어쨌든 미사일 모두 단시간에 파괴되어 버리기 때문에 이것을 충분하다고 하는 것이다.

로보트 I

　지금 공장에서 활약하고 있는 로보트는 산업로보트라고 해서 팔힘이 강한 아톰과 같은 SF(공상과학)로보트와는 전연 다른 것이다. 산업로보트가 로보트라고 불리는 이유는 손이 있는 자동기계이기 때문이다. 인간의 손과 비슷한 작용을 하는 기구는 머니퓰레이터라고 불린다. 방사능(→142페이지)을 띤 물질로, 실험을 하는 연구자는 방사능을 차단한 유리너머로 양손으로 머니퓰레이터를 조작해서 시험관을 붙잡거나 기울이거나 한다. 산업로보트는 그 머니퓰레이터를 자동적으로 조작하는 것이다.

　그러나 머니퓰레이터는 단단한 강철을 재료로 해서 단순한 구조로 설계되어 있기 때문에 확실히 손재주가 없다. 그림은 그 중 하나로 관절이 하나밖에 없는 손가락 두 개만으로 금속제의 둥근 막대 등을 끼우고 있는 장면이다. 둥근 막대를 구멍에 삽입할 때에는 예를 들어 그림과 같이 둥근 막대를 끼운 손가락이 지지기(支持機)에 의하여 매우 정확하게 구멍 바로 위로 이동해서 적당한 깊이로 삽입하면 손가락을 떼고 원위치로 되돌아온

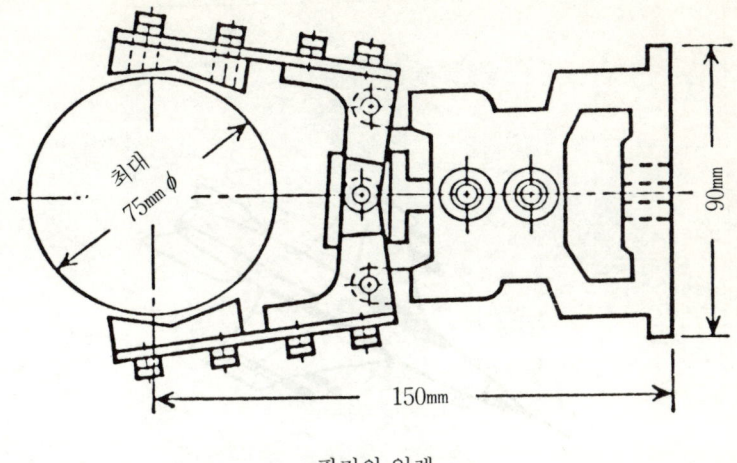

평거의 일례

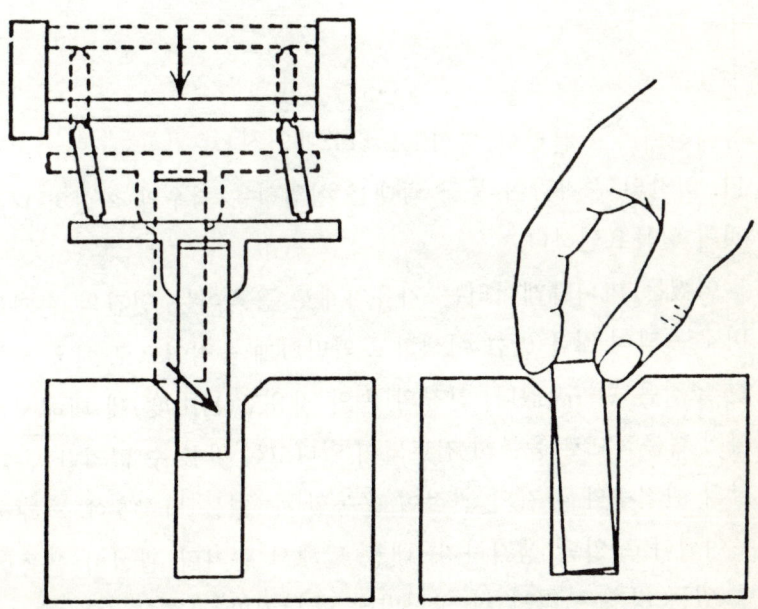

둥근 막대를 구멍에 삽입하는 로보트의 손과 인간의 손

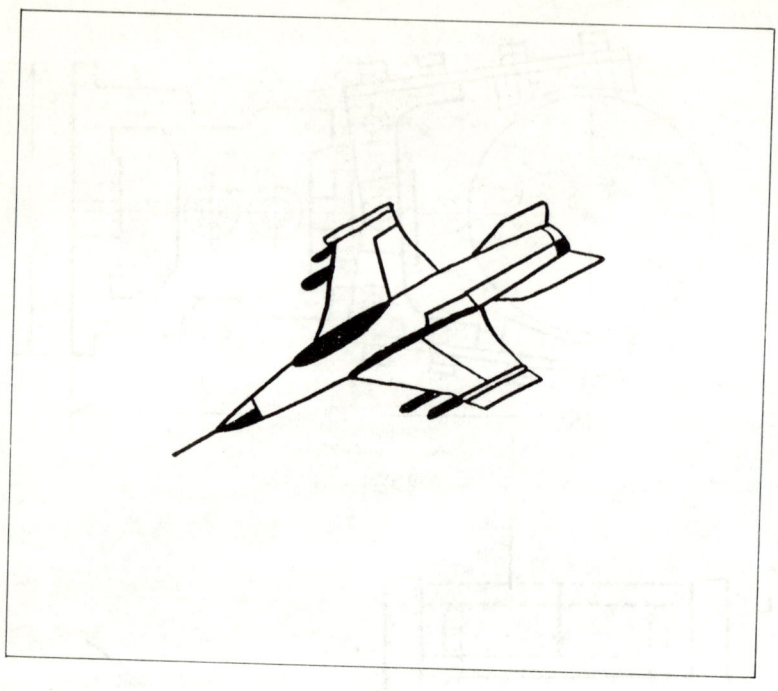

다. 인간의 손가락이 둥근 막대를 삽입하는 경우와 확실히 다른
것이 일목요연하다.

어쨌든 머니퓰레이터는 자유자재로 움직이는 인간의 손과는
비교도 되지 않을 만큼 어색하고 딱딱하게 움직이므로 매우 복잡
한 조작은 할 수 없다. 인간의 손의 자유도(自由度)에 대해서는
아직 학문적으로 충분히 검토되어 있다고는 말할 수 없지만, 손과
팔의 관절수와 각각의 관절이 운동할 수 있는 방향수에 의해서
부여되다고 일단 생각하자. 대충 말해서 손가락 관절이 운동할
수 있는 방향은 각각 한 방향밖에 안 되지만, 관절의 수는 총 14
나 있다. 손목의 관절은 하나이지만 상하, 좌우로 움직이며 또한

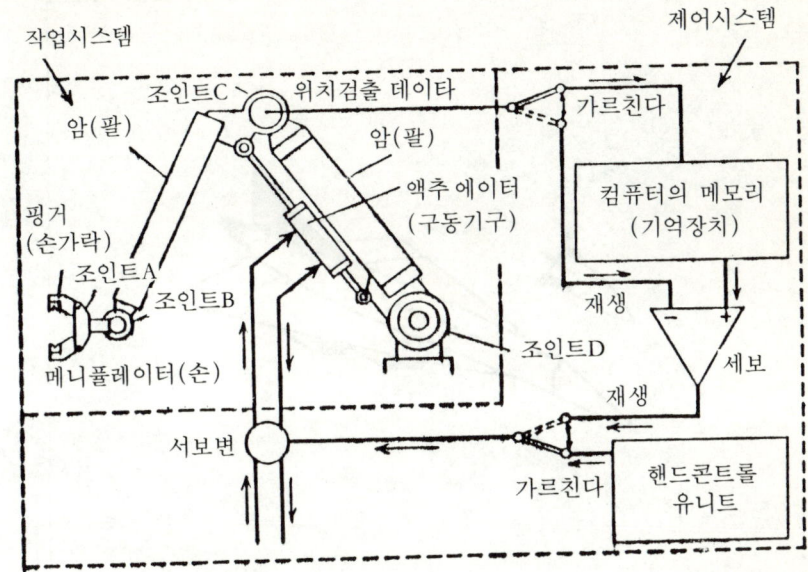

로보트의 기본적인 구조의 일례

회전도 할 수 있다. 팔의 관절도 하나이지만 상하, 좌우로 운동한다. 그리고 어깨의 관절은 하나로 상하, 좌우, 전후방향으로 운동할 수 있다. 모두 반드시 엄밀하게 검토한 것은 아니지만 만일 이렇게 해 보면 인간의 손은 합계 22의 자유도를 가지게 된다. 어쨌든 다수의 자유도 조합에 의해 인간의 손은 어떤 복잡한 운동도 쉽게 해 내는 것은 확실하다.

게다가 인간의 손은 유연하기 때문에 물건을 잡는데도 그것을 이용하여 마찰력을 미묘하게 제어할 수 있다. 종이컵을 쥐는 것 등은 아무 것도 아니다. 그러나 로보트에게 있어서는 이러한 유연한 물건을 붙잡는 것이 큰 골칫거리다. 마찰력을 확보하려고 머니

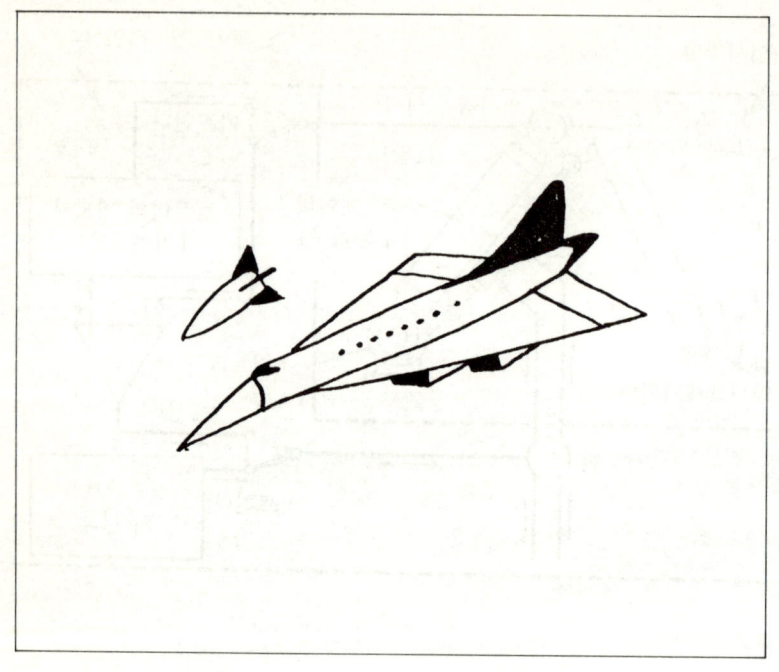

풀레이터가 힘을 지나치게 가하면 종이컵은 찌부러져 버리고 힘을 빼면 미끄러져 떨어져 버린다. 로보트가 인간의 흉내를 내서 종이컵을 쥐려고 하면 손가락의 위치가 높은 정밀도로 움직이고, 게다가 강하지도 약하지도 않은 일정한 값의 마찰력을 정확하게 가하지 않으면 안 된다. 그러기 위해서는 손가락의 위치와 마찰력의 엄밀한 측정이 필요하다. 또한, 마찰력이 조금이라도 부족하면 중력으로 인해 종이컵은 미끄러지기 시작하므로 계기에 의해 그 미끄러짐을 항상 측정하지 않으면 안된다.

그런데 손으로 물건을 붙잡는다고 해도 2개의 손가락으로 붙잡는다 , 3,4개의 손가락으로 끼운다, 5개의 손가락으로 붙잡는다,

쥔다, 더욱이 물건을 손바닥으로 받는다 등 여러 가지 동작이
있다. 그리고 그와 같은 동작을 실행하기 위해서는 우선 팔이
손의 위치를 물건의 부근에까지 이동시키지 않으면 안된다.

로보트의 경우도 그것은 마찬가지다. 로보트 구조의 일례를
그림으로 나타냈는데, 핑거는 인간의 손가락, 머니퓰레이터는
손, 암은 팔, 조인트는 관절에 해당한다. 머니퓰레이터가 부품을
붙잡기 위해서는 암이 움직여서 머니퓰레이터를 부품 위치 가까
이까지 가지고 가지 않으면 안 된다. 그리고 암이나 핑거 등을
움직이기 위해서는 액추에이터(구동기구 ; 驅動機構)가 필요하
다. 인간의 경우는 근육의 이완ㆍ수축으로 인하여 수족을 움직이
고 있다. 그림의 경우, 액추에이터는 유압(油壓)으로 움직이고
있고, 내부에는 유압 실린더가 있다. 물론 전기모터도 액추에이터
에 사용된다. 암을 비롯한 기계 각부의 운동은 모두 핑거가 물건
을 붙잡는다고 하는 목적에 따르고 있는데, 이와 같은 동작의
기구는 작업 시스템이라고 불려야 할 것이다.

이 때 인간이라면 팔을 어떻게 움직여서라도 어쨌든 손을 필요
한 위치로 가지고 갈 수 있지만, 로보트의 경우는 암은 반드시
일정한 시간적ㆍ공간적 궤도를 그리며 머니퓰레이터를 소정의
위치로 이동시킨다. 이것은 유도미사일(→77페이지)로 말하자
면, 미리 계산된 궤도로 미사일을 유도해 가는 것에 해당하며,
그 유도는 관성 유도시스템(⟵⟶)에 의해 이루어진다.

로보트의 경우도 마찬가지로 미리 계산된 궤도는 컴퓨터(⟵⟶)
의 메모리에 있고, 암이나 머니퓰레이터를 그 궤도로 유도해 가는
제어시스템은 서보기계에 의하고 있다. 그림에서는 서보에서 서보

변에 이르는 장치가 서보기구다.

서보기구가 작동하기 위해서는 우선 각 조인트의 위치를 검출하지 않으면 안된다. 미사일의 경우, 가속도계가 그것에 해당하지만, 로보트에서는 레조르바라든가 포텐셔메이터라고 불리는 계기등이 사용된다. 그림에서 보자면 조인트 D의 회전각도를 알면 조인트 C의 위치를 알 수 있고, 그 회전각도를 알면 조인트 B의 위치를 알 수 있다. 그 회전 각도를 알면 머니퓰레이터의 위치를 알 수 있고, 거기에 있는 조인트 A의 회전각도를 알면 핑거의 위치를 알 수 있다. 이 회전 각도를 측정하는 계기가 레조르바다.

이들의 위치 데이타가 컴퓨터에 기억되어 있는 위치와 어긋나면 그 편차를 부정하고 바른 위치로 되돌리기 위해서는 어떻게 하면 좋을지를 컴퓨터가 계산해서 그 지시에 따라 서보기구가 작동한다. 그 서보기구는 각 조인트가 적절한 위치에 있는 것처럼 액추에이터를 제어하는 것이다.

그리고 액추에이터의 위치는 포텐셔메이터가 측정할 수 있다. 각 조인트의 위치를 검출해서 그것이 항상 바른 시간적 · 공간적 궤도를 그리게 하는 기구는 제어 시스템이라고 불러야 할 것이다.

이렇게 해서 핑거의 위치는 미리 설정되어 있는 궤도를 따라서 이동한다. 게다가 핑거는 부품이나 재료를 집거나, 끼우거나, 구멍이나 고리에 집어넣거나 빼거나 할 수 있다. 이와같은 로보트의 동작은 프로그램(→212페이지)으로 짜여져서 컴퓨터에 기억되어 있다. 몇 가지 종류의 동작이 필요하면 각각에 프로그램이 만들어진다. 로보트는 그 프로그램 대로 각각 완전히 동일한 시간적 · 공간적 궤도를 따라서 몇 번이나 반복해서 같은 작업을 해 낸다.

로보트 II

실제의 산업로보트에게 있어서는 손이 그대로 스폿용접공구(鎔接工具)나 도장총이 되고 있는 것도 있다. 이것이 용접로보트, 도장로보트다. 이 경우, 암이나 공구의 조작은 인간의 손에 의해서 배운다. 즉, 용접공이나 도장공이 공구나 총을 가지고 실제로 작업을 하면 그림(95페이지)에 있는 핸드콘트롤유니트를 통해서 시시각각 각 조인트의 회전 각도나 위치, 액추에이터의 위치가 컴퓨터에 기억된다. 그림에서 '가르친다'고 쓰여여 있는 것은 이런 의미다. 다음에 스위치를 새로 바꾸면, 그 기억 대로 작업 시스템이 작동한다. 그림에서 '재생'이라고 쓰여져 있는 것은 이런 의미다.

로보트의 머니퓰레이터가 다소라도 인간의 손과 같이 작동하는 것은 가령 부품 조립의 경우이다. 이것은 1개의 둥근 막대를 구멍에 삽입할 뿐이라도 스폿용접이나 도장에 비해서 어렵다. 둥근 막대의 중심축이 구멍 중심축과 완전히 일치하도록 쑥 들어가 주면 이의는 없지만, 사소한 오차가 발생해서 둥근 막대가 조금

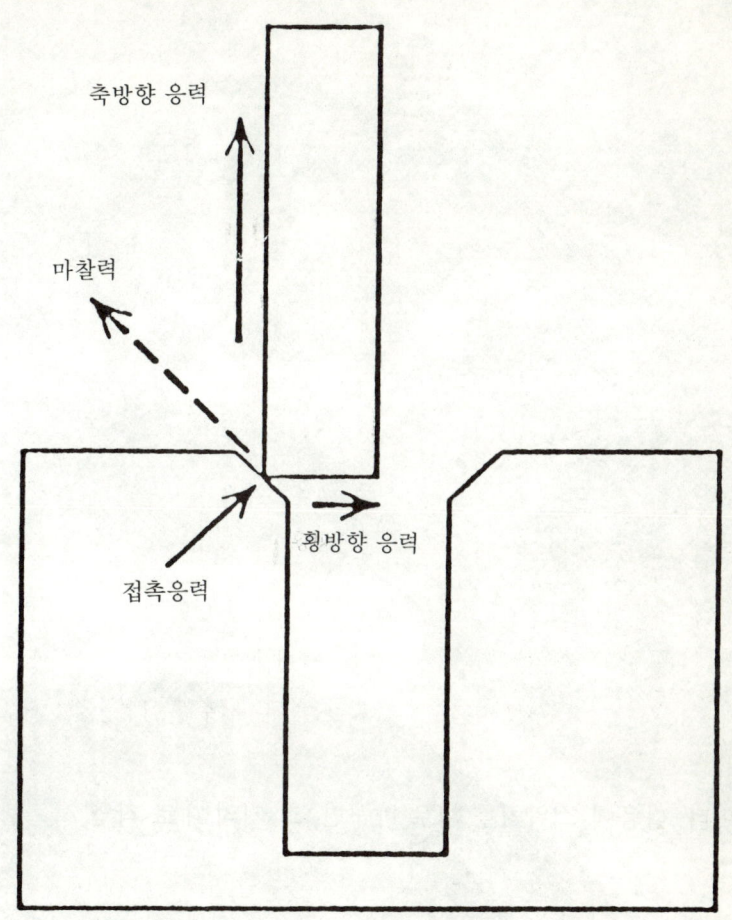

둥근 막대가 구멍에 걸린 때의 응력의 작용

옆으로 빗나가거나 기울거나 해서 구멍에 들어가려고 하면 순식
간에 걸려 버린다. 그러면 그림과 같이 둥근 막대와 구멍 사이에
여러 가지 응력(應力)이 작용한다. 인간의 손이라면 본인도 의식

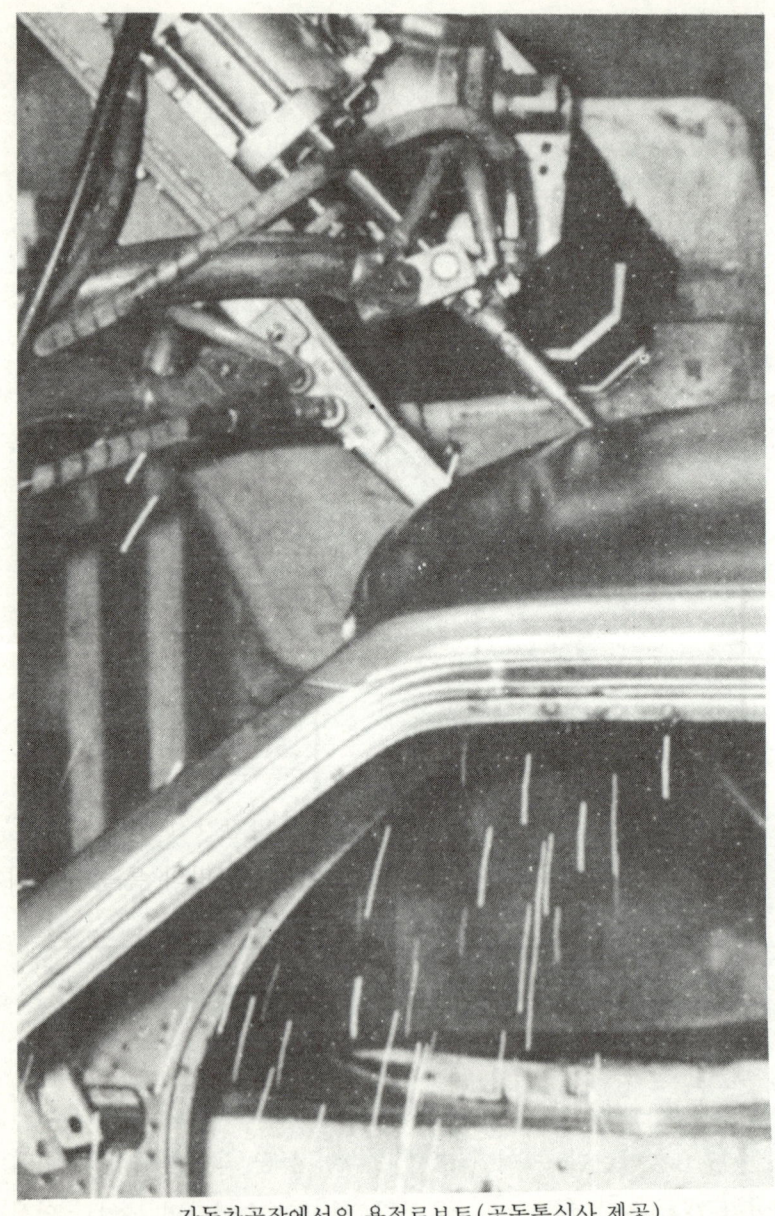

자동차공장에서의 용접로보트(공동통신사 제공)

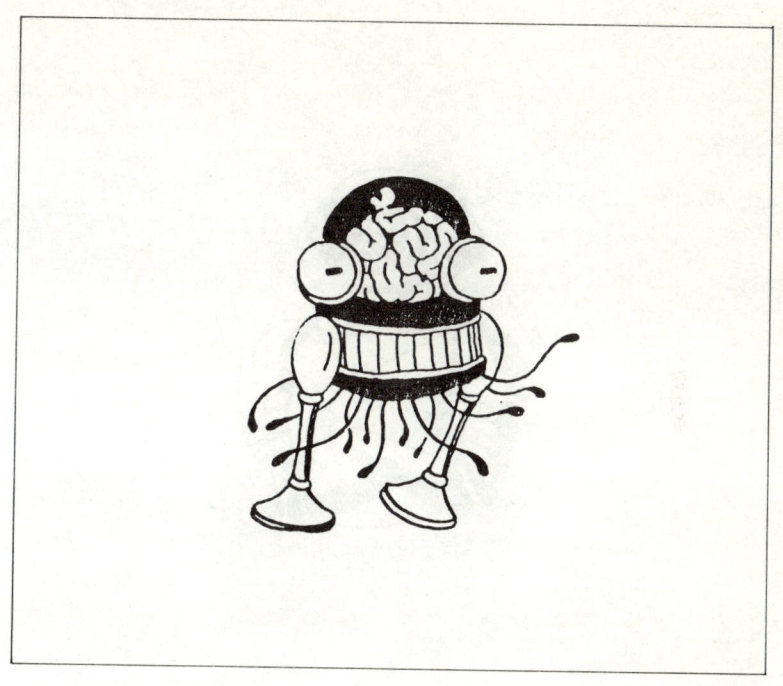

하지 못할 정도의 손가락 조절로 둥근 막대의 위치를 수정하지
만, 로보트는 그렇지 못하다. 이것은 인간의 손은 쉽게 종이컵을
들 수 있지만, 로보트에게는 어려운 것과 마찬가지 원리다.

둥근 막대 삽입의 난이도는 둥근 막대와 구멍의 틈을 구멍의
지름으로 나누어서 얻은 틈비로써 표기된다. 그것이 0.001이면
둥근 막대가 들어오는 각도 오차가 0.06도 이내가 아니면 둥근
막대는 구멍에 걸려 버린다.

그 정도의 고도의 정밀도가 로보트에게 요구되는 것이다. 한
가지를 보면 다른 것도 미루어 알 수 있듯이, 이와 같은 식으로
로보트가 설계된다면 그 가격은 매우 비싸지게 되어 로보트가

과연 인간의 손작업보다 값이 싸게 들지 어떨지 의심스러워진
다.

그러나 머니퓰레이터의 손목 회전으로 둥근 막대를 회전시켜서
구멍에 삽입하면 둥근 막대가 같은 각도로 기울였다고 해도 그
접촉 응력은 훨씬 작아진다는 것을 알 수 있다. 1미리미터의 횡방
향(橫方向) 오차와 1.5도의 각도 오차가 있어도 0.0004의 틈비작
업을 로보트가 0.2초만에 해냈다고 한다. 어쨌든 둥근 막대를 구멍
에 삽입한다고 하는 가장 단순한 작업일지라도 그것을 로보트에
게 시키기 위해서는 양자의 접촉 응력이나 둥근막대의 위치를
엄밀하게 측정해서 어떻게 하면 응력을 최소로 할 수 있을까를

상세하게 연구하지 않으면 안 된다. 현재의 단계에서 손작업 하나만 봐도 인간의 손과 같이 작동하는 머니퓰레이터를 설계하는 일은 매우 어려운 기술이다. 현대기술은 아직 도저히 그 수준에 이르지 못하고 있다.

현재 실용화되고 있는 산업로보트의 대부분은 외계(外界)의 상황을 스스로 판단할 능력도, 상황의 변화에 적응해서 의지를 결정할 능력도, 필요한 일을 선택해서 수행할 능력도 없다. 예를 들면, 부품을 조립할 경우에도 달라 붙어 있어야 할 부품이 없어졌다든가 잘못된 부품을 공급받거나 하는 것 같은 상황의 판단은 할 수 없다. 하물며 그 판단에 의해서 자동적으로 방향을 바꾸거나 불량품을 제거하거나 하는 일은 불가능하다.

이러한 상황을 판단하고, 거기에 올바르게 대처하기 위해서는 인간으로 말하자면 청각이나 시각이나 촉각에 해당하는 작용이 로보트에게 갖추어져 있지 않으면 안된다. 그와 같은 로보트는 지능(知能)로보트라고 불린다. 실험실 안에서는 여러 가지 시도가 있고, 부분적으로 지능로보트가 출현하고는 있지만, 그것이 실용화되기 위해서는 아직 상당한 시간이 필요하다. 더구나 SF로보트의 출현은 지금 단계에서는 전연 가망이 없다.

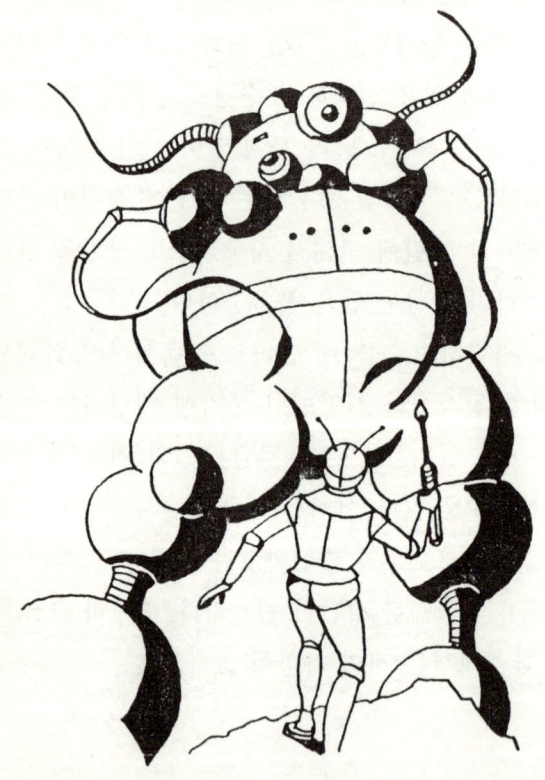

제3장
재 료

쿄오바공업지대의 석유화학플랜트(공동통신사 제공)

1만톤 고로

  선철은 고로(高爐 : 용광로라고도 한다)에서 만들어진다. 고로
는 그 이름과 같이 키가 큰 화로로 오늘날 큰 고로의 높이는
100미터를 넘고 있다. 고로에는 철광석이나 코크스나 석회석,
망간 등을 화로 꼭대기로부터 장입(裝入)한다. 화로의 하부에
있는 우구(羽口)로부터 진한 산소 열풍(熱風)을 보내거나 중유
(重油)를 불어넣거나 하면 코크스는 산소와 반응하여 일산화탄소
가 되고, 일산화탄소는 철광석의 주요 성분인 탄화철을 환원(還
元)시켜 철이 만들어진다. 화학방정식으로 쓰면, $2C+O_2 \rightarrow 2CO$,
$3CO+Fe_2O_3 \rightarrow 2Fe+3CO_2$라 하는 것이 된다. 그러나 실제의 반응
은 도저히 이와 같이 단순한 것은 아니다. 반응의 요점으로서는
분명 일산화탄소가 탄화철을 환원시키는 것이지만, 난로 속의
반응은 훨씬 복잡하다. 철광석 속에는 철이나 탄소 외에 규소,
알루미늄, 망간, 유황, 인 그밖에 몇 가지의 성분이 있으며, 이것들
이 기체나 액체나 고체가 뒤섞여서 공존하는 고로 속에서 서로
어떻게 반응하는지, 자세한 것은 거의 모르고 있다고 해도 좋다.

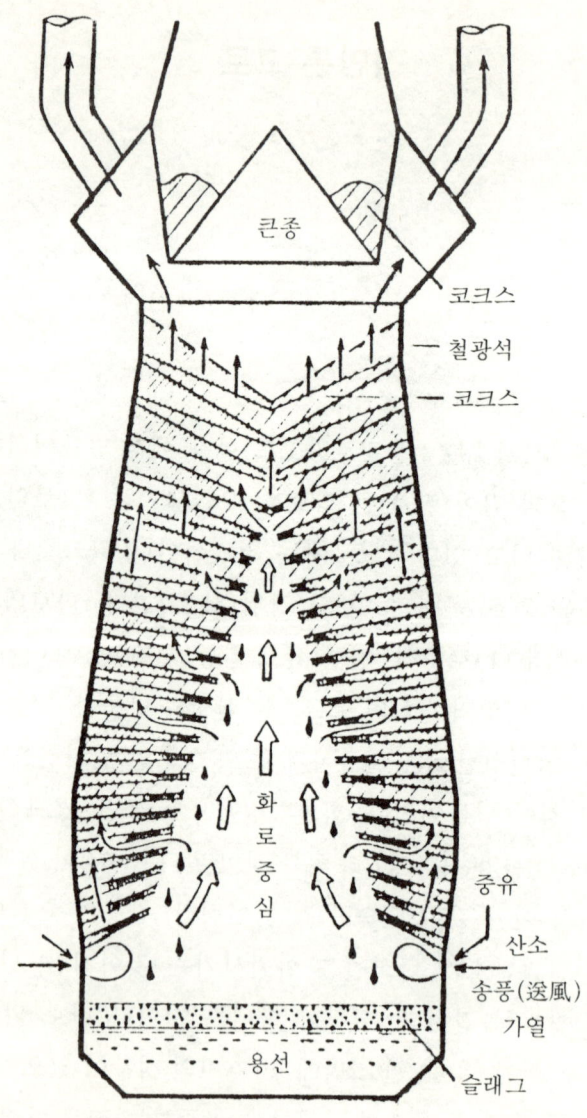

고로의 내부 상태

그럼에도 불구하고 수 백년의 경험으로 철광석이나 코크스나 석회석을 어떻게, 어느 정도 화로 꼭대기로 장입하고 아래의 우구로부터 어느 정도의 온도나 압력으로 질소의 진한 공기를 불어넣으면, 어떤 성질의 선철이 얼마 만큼의 양으로 생기는지 짐작을 하고 있으며, 그 짐작도 지금으로서는 여러 가지 과학적인 측정으로 인해 상당히 정확한 것이 되고 있다.

코크스 외에 석회석을 첨가하는 이유는 탄산칼슘($CaCo_3$)인 석회석이 가열되어 산화칼슘(CaO)이 되고, 이 염기성 산화물이 철광석 속의 산성산화물인 이산화규소(SiO_2)와 반응해서 광재(鑛滓 : 슬래그)를 만들기 때문이다. 즉, 철광석 속의 불순물 대부분은 이 슬래그 속으로 빨려들어가 버린다. 철과 슬래그가 딱 분리되는 것이 고로에서 철을 만드는 조업의 핵심이라고 말할 수 있다. 그러므로 얼마나 좋은 철을 만드느냐 하는 것은 얼마나 좋은 슬래그를 만드느냐 하는 것이기도 하다.

장년(長年)의 경험으로 인해 고로 내부에 철광석이나 코크스를 장입하는 방법은 교대로 층을 이루도록 하지 않으면 안된다는 것을 알고 있다. 그것도 그림과 같이 철광석은 화로 중심부에 얇게, 주변엔 두껍게 감아야 코크스는 그 반응이 좋다. 그리고 난로의 밑바닥부터 상부에 걸쳐서 원추형으로 코크스가 쌓아 올려져 있는 것이다. 난로 내부의 온도는 섭씨 1600도에 이르고 있다. 고로의 일산화탄소는 난로심의 코크스 내부를 계속 상승, 주변의 철광석이나 코크스층에도 침투하고 더욱 상승을 계속하여 산화철을 환원시켜 간다. 그 한편 석회석은 철광석 속의 불순물을 자꾸 녹여간다. 그리고 새빨갛게 녹은 철과 슬래그는 난로심의

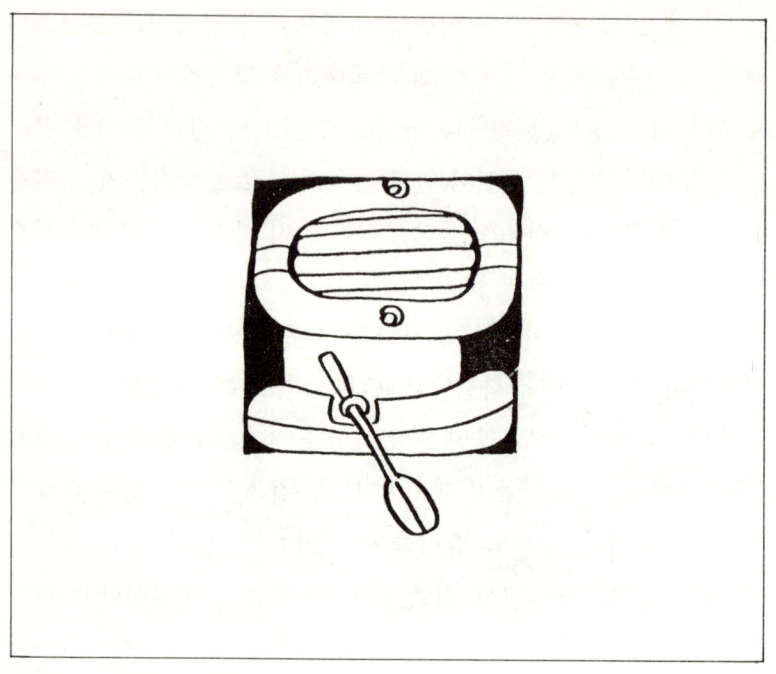

코크스를 타고 용(龍)과 같이 난로바닥으로 떨어진다. 하루에 1만톤의 철이 생산된다고 하는 것은 매시간 500미리에서 700미리의 집중호우에 해당하는 격렬함으로, 철과 슬래그의 비가 난로바닥으로 내리 쏟아지고 있다는 것을 의미한다.

철은 슬래그보다도 무겁기 때문에 바닥에 가까운 부분의 내화물(耐火物)에 구멍(출선구)를 뚫어 녹은 선철을 흘려보낸다. 내화물도 또한 고온으로 녹아가기 때문에 구멍의 지름이 점점 커져간다. 그렇게 하면, 내화물을 출선구로 몰아내 다시 구멍을 뚫는다고 하는 것이 된다.

고로가 커지면 커질수록 장입하는 철광석의 질(質)이 일정하

고, 코크스는 가능한 한 단단한 편이 좋으며, 따라서 코크스원료의
강점결탄(強粘結炭)이 더 더욱 불가결해진다. 그 때문에 세계의
각지로부터 보내져 오는 철광석은 지름 10미리에서 30미리 정도
로 분쇄해서 적당하게 섞어 이것을 섭씨 1050도에서 1200도의
온도로 단단하게 구워서 소결광(燒結鑛)으로 만든다. 이 과정에서
유황 등 불순물은 아유산(亞硫酸)가스가 되어 상당히 제거된다.

코크스가 단단하지 않으면 안되는 이유는 만일 무르면 난로
꼭대기에서 떨어져 갈 경우 산산이 부서져 버려서 틈을 막아 일산
화탄소가 아래로부터 상승하는 움직임을 방해하기 때문이다. 이렇
게 되면 반 정도 녹기 시작한 철광석 등이 화로의 도중에서 굳어
져 버린다. 그러므로 난로를 한 번 부수어 굳은 원료를 떼어내고
난로를 다시 만들지 않으면 안된다. 이런 현상을 '고로가 선반을
닫았다'고 하는 것이다.

하루 1만톤의 선철을 만들기 위해서는 철광석 1만 6000톤,
석탄이 6000톤, 석회석이 2000톤, 합계 2만 4000톤의 원료가 필요
하다. 즉, 매일 이 정도의 원료를 운반해 오지 않으면 고로조업은
정지해 버린다. 그토록 큰 철광석이 1년간 365척이나 제철소의
선창에 가로대어 있지 않으면 안된다. 실제로는 적재중량 10만톤
에서 20만톤이라고 하는 거대광석선(巨大鑛石船)이 며칠 걸려
제철소로 오게 되는데, 단 1개의 고로를 만드는데만도 얼마나
큰 광석선이 마치 연합함대와 같이 다수 필요한가 하는 것을 알
수 있다.

C₁화학과 미생물화학

현재 화학제품의 대부분은 석유를 원료로 하는 석유화학의 체계에 따라 제조되고 있다. 원유로부터 가솔린이나 나프타, 등유, 경유, 중유 등을 분류할 때 조제 가솔린으로서 나프타도 얻을 수 있다. 우리나라에서는 그 나프타를 열분해(熱分解)해서 에틸렌이나 프로필렌, 부타디엔, 이소플렌 등의 올레핀계 탄화수소를 생산하고 있다. 그리고, 그것을 원료로 해서 표와 같이 에틸렌으로부터는 폴리에틸렌이나 염화비닐, 폴리스틸렌, 프로필렌으로부터는 폴리프로필렌, ABS수지, 부타디엔이나 이소플렌으로부터는 합성고무가 만들어지고 있다. 더욱이 접촉분해(接觸分解)나 접촉개질(接觸改質)에 의한 석유정제(石油精製) 때에는 그 분해유나 개질유로부터 벤젠, 톨루엔, 키실렌 등의 방향족(芳香族) 탄화수소가 추출된다.

그러나 1970년대부터 원유가격이 자꾸 상승함에 따라서 나프타의 가격도 비싸지고 따라서 석유화학 제품의 가격도 급속히 상승하지 않을 수 없게 되었다. 미국이나 캐나다에서는 나프타가 아닌

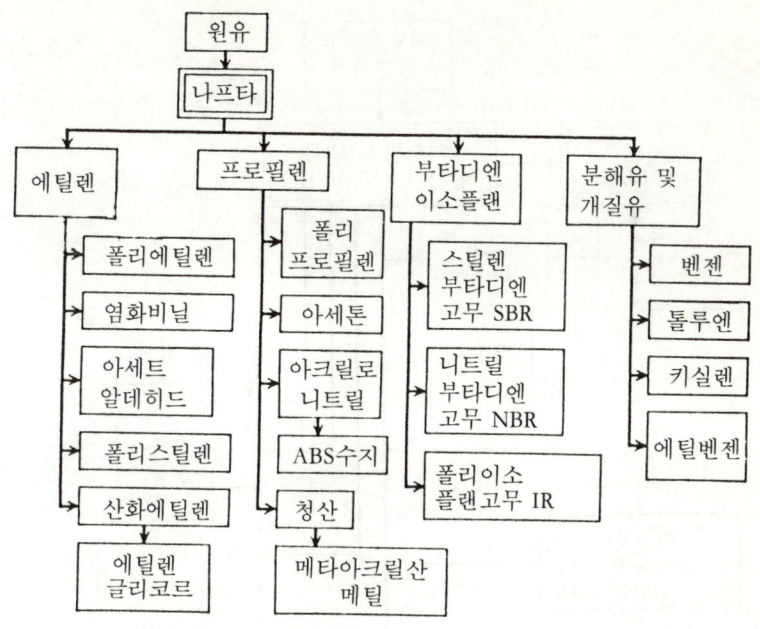

석유화학의 체계

천연가스를 기간원료(基幹原料)로 하고 있기 때문에 원유가격
상승의 영향을 직접 받고 있지는 않다. 그 때문에 유럽나라나
유럽과 같이 나프타를 원료로 해 온 석유화학은 국제경쟁에서
곤경에 처한 결과가 되었다.

　그래서 나프타를 원료로 하는 석유화학이 아닌 석탄이나 천연
가스, 혹은 석유라고 해도 중유와 같이 가격 상승이 비교적 완만
한 제품을 원료로 하는 또 하나의 화학공업체계가 1970년대 이후
개발되기 시작하고 있다. 그것이 C_1화학이다. 어째서 C_1화학이라고
부르는가 하면 기간원료가 일산화탄소(CO) 내지는 메탄올(CH_3

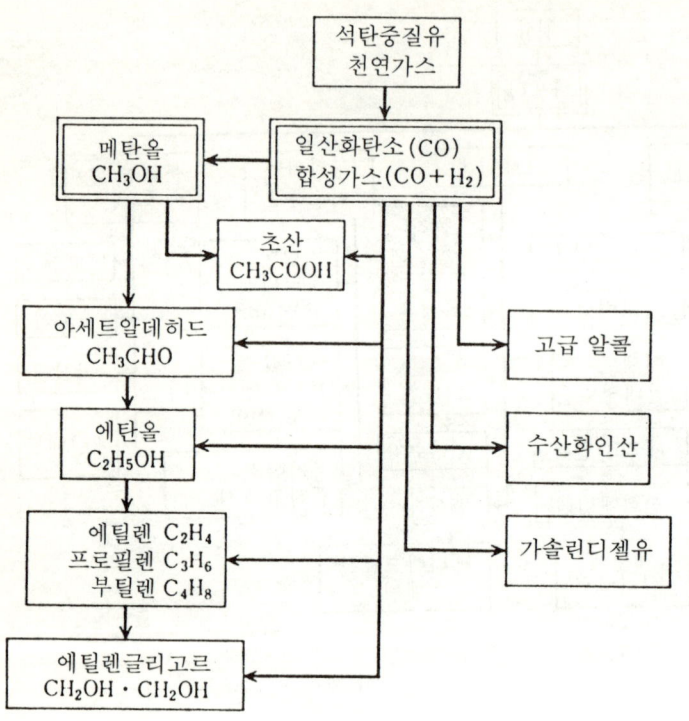

석탄중질유
천연가스

메탄올
CH₃OH

일산화탄소(CO)
합성가스(CO+H₂)

초산
CH₃COOH

아세트알데히드
CH₃CHO

고급 알콜

에탄올
C₂H₅OH

수산화인산

에틸렌 C₂H₄
프로필렌 C₃H₆
부틸렌 C₄H₈

가솔린디젤유

에틸렌글리고르
CH₂OH·CH₂OH

C₁화학의 체계

OH)과 같이 탄소 1분자를 포함하는 물질이기 때문이다.

　표(116페이지)　같이 일산화탄소와 수소를 포함한 합성가스나 메탄올로부터도 석유화학으로부터 생산되는 물질과 같은 제품을 만들 수 있다. 이미 제2차 세계대전 전에 석탄을 일산화탄소나 수소로까지 분해하고, 그로 인해 액체연료를 합성하는 핏셔=트로프슈법이 개발되어 있었고, 또한 그 이전에도 역시 일산화탄소와 수소로부터 메탄올을 합성하는 공업이 이루어지고 있었다.

그리고 1970년대에 원유가격이 1배럴 2달러에서 35달러로 뛰어 오르자, 이 기술이 다시 한 번 평가되어 왔다. 더욱이 새로운 합성법이 속속 개발되어 C_1화학이라고 불러도 좋을 것 같은 체계가 만들어지기 시작하고 있다.

또한, 미생물화학공업에 있어서도 옛날 체계상에 새로운 체계가 겹쳐지고 있다. 종래 이 분야의 화학공업은 쌀이나 보리나 대두 등을 원료로 해서 술이나 맥주, 간장, 된장 등을 생산해 왔다. 즉, 효소의 생물화학적인 촉매작용으로 인해 기본적인 식품을 기호식품이나 조미료로 바꾸어 왔던 것이다.

이 경향은 더욱 발전해서 포도당이나 당밀로부터 각종의 아미노산이 개발되어 오고 있다. 글루타민산 나트륨은 이전부터 있었던 조미료이지만 최근에는 사료의 단백 영양가를 높이는 리진, 간장병 치료약인 알기닌, 소화기 궤양을 치료하는 글루타민 등이 그 예를 이루고 있다. 널리 사용되고 있는 페니실린이나 그밖의 항생물질도 특수한 곰팡이를 원료로 한 제품인데 이 계통의 생물화학 제품도 점점 다종다양화(多種多樣化)되고 있다.

게다가 체내로 침입해 온 바이러스의 세포 증식을 억제하는 인터페론을 대장균에서 생산해 내는 유전자공학이 이루어지고 있다. 이것은 대장균의 유전자를 재구성해서 인터페론을 만들어 내는 종(種)으로 바꾼다고 하는 기술로, 아직 여러 가지 신종(新種)이 생겨날 가능성이 있다.

연료전지(燃料電池)

　보통의 화학전지의 경우, 화학반응 과정에서 전자가 한쪽 전극에 모여서 양극 사이에 전위차(電位差)가 형성된다. 연료전지에서도 그것은 마찬가지지만, 화학반응을 일으키는 물질로 환원제로서의 연료와 산화제로서의 산소 내지는 공기를 이용하며 또한 그것들을 전기화학적으로 반응시켜서 외부로부터 연속적으로 공급할 수 있다고 하는 점에 연료전지의 특징이 있다. 환원제로 수소를, 산화제로 산소를 사용할 경우, 두 물질을 그대로 반응시키면 폭발적으로 연소해서 물이 돼버리지만, 연료전지의 경우는 그런 반응이 일어나지 못하도록 고안되어 있다.

　예를 들어 그림과 같이 다공성(多孔性) 전지 사이에 전해액(電解液)으로 가성칼리(KOH)용액을 가득 채우고, 양극 양쪽으로부터 수소와 산소를 보낸다. 전극에는 지름 수 미크론의 구멍이 무수히 만들어져 있지만, 그것은 그곳으로 침투해 온 수소(혹은 산소)와 전해액과 전극 3자를 가능한 한 넓은 면적에서 충분히 접촉시키기 위해서이다.

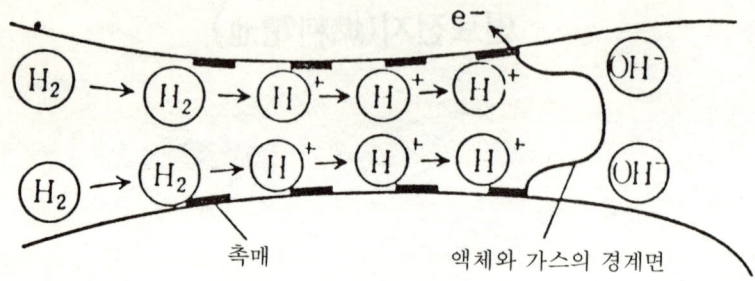

수소전극에 있어서 전자발생의 구조

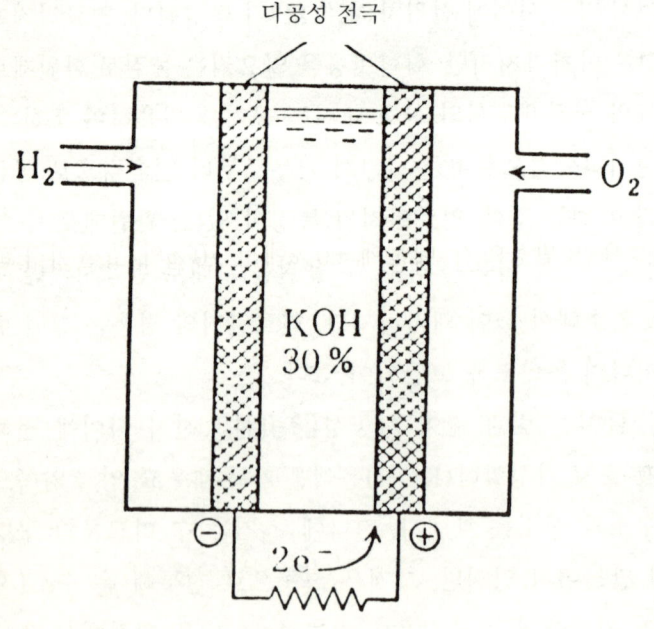

수소-산소 연료전지의 구조

수소전극의 한 구멍에서는 그림과 같이 촉매로 인해 수소(H_2)가 활성화되어 반응하기 쉬운 상태(H^+)가 되어 전해액 속의 수산이온(OH^-)과 결합해서 물이 된다. 이 때 유리된 전자가 전극에 모인다. 이 반응을 화학방정식으로 쓰면, $H_2 + 2OH^- \rightarrow 2H_2O + 2e^-$가 된다.

한편, 똑같은 구조의 산소 전극에서는 산소와 물이 수소 전극으로부터 퍼져 온 전자와 결합되어서 수산이온이 생긴다. 이 반응을 화학방정식으로 쓰면, $\frac{1}{2}O_2 + H_2O + 2e^- \rightarrow 2OH^-$가 된다. 이 수산이온이 전해액으로 들어가서, 수소 전극에서 수소와 반응하여 전자를 유리(遊離)시키는 것이다. 양극의 두 반응을 합치면 결국 수소가 연소해서 물이 된다고 하는 것이다. 이 때의 발열량(發熱量)은 1몰의 수소당 58킬로칼로리이기 때문에 이것을 얻어진 전기에너지로 나누면 연료전지의 효율을 알 수 있다. 이상적인 상태하에서는 90%를 넘는 계산이 되지만, 실제로는 분극반응(分極反應) 등 불필요한 반응이기 때문에 60%에서 70%의 효율이라고 한다. 수소──산소연료전지는 우주선의 전원(電源) 등에 이용되고 있다.

심리스 파이프

이음새가 없는 강관(鋼管)이라고도 한다. 보통의 강제 파이프를 만들기 위해서는 우선 대와 같이 길고 얇은 강판을 만들어 이것을 파이프 모양으로 감듯이 구부려서 그 세로로 긴 양끝을 용접하거나 가열하고 두드려서 단접(鍛接)하거나 한다. 가스관이나 수도관 정도라면 이와 같은 강관으로 충분히 사용에 견딜 수 있지만, 지하로부터 석유를 퍼 내는 우물(유정이라고 한다)을 팔 경우에는 그와 같은 이음새가 있어서는 파이프를 밀어누르려고 하는 지압(地壓)에 견디기 어렵다. 그래서 유정(油井)을 파기 위해서는 아무래도 심리스 파이프가 필요하다고 하는 것이 된다.

지하에서는 10미터 깊어질 때마다 1평방 센티미터당 1킬로그램의 압력이 증가된다. 수중의 경우보다도 압력의 영향력이 10%에서 20%는 높다. 3000미터의 깊이라면 1평방 센티미터당 300킬로그램의 압력이 끊임없이 파이프를 누르려고 한다. 최근에는 시굴(試掘)의 깊이가 1만 미터에 가까운 경우도 드물지 않고, 그 정도의 깊이로 파이프가 내려가면 가장 위의 파이프에는 적어도 80

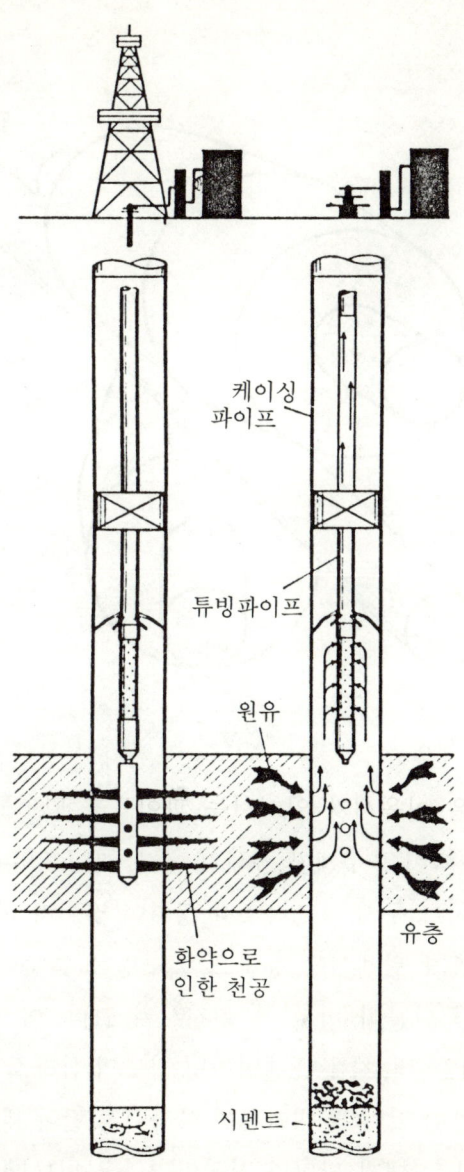

케이싱
파이프

튜빙파이프

원유

화약으로
인한 천공

유층

시멘트

지하의 원유를 퍼올리는 구조. 천공탄을 발사하여 케이싱 파이프에 구멍을
뚫어 그곳으로부터 원유가 들어가서 튜빙 파이프를 통해서 분출한다.

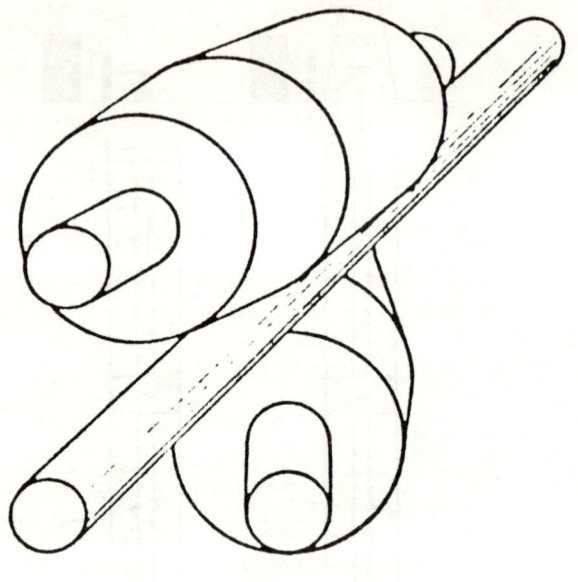

경사롤의 구조

00미터분의 파이프 무게가 가해져 온다. 파이프의 강도가 부족하면 파이프는 그 무게로 조각조각 끊기어 떨어져 버리는 것이다.

유정을 파기 위해서는 송곳으로 구멍을 뚫듯이 드릴 파이프 앞에 부착된 날붙이(비트)를 회전시켜 간다. 이 파이프는 길이 9미터에서 12미터, 지름 13센티미터 정도의 심리스 파이프로 양끝에 나사가 깎여 있어 파 내려감에 따라서 잇달아 새로운 파이프를 연결해 간다. 상대가 단단한 암석이거나 사니(砂泥)이기 때문에 파이프는 여러 가지 힘을 받고 뒤틀리듯이 진동한다. 또한 지상으

로부터 훨씬 선단의 비트를 회전시키려고 해도 심부(深部)에
있는 비트에게는 그 회전력이 좀체 전달되지 않는다.

비트가 마모(磨耗)되면 나사를 떼어 내면서 잇달아 파이프를
끌어 올려서 비트를 뽑아내 교환하고, 다시 지하로 내린다. 구멍
속으로는 화학적으로 조합된 흙탕물(매드)이 끊임 없이 흘러
들어가서 주위의 흙이 무너지는 것을 막고 있지만, 굴착이 진행됨
에 따라서 우물 테두리와 같은 역할을 하는 케이싱 파이프가 삽입
되어 간다. 이 파이프는 지름 40센티를 넘는 것도 있다. 이것도
심리스 파이프다.

북해유전의 부유정(공동통신사 제공)

우물 테두리가 완성되면 다음에는 튜빙이라고 불리는 가는 심리스 파이프가 내려진다. 케이싱 파이프의 선단에 화약이 장치되고, 무수한 작은 구멍이 뚫려 있어 그곳으로부터 주위의 암석을 녹이는 약품이 밀려 나온다. 이렇게 해서 암석으로부터 해방된 석유는 작은 구멍을 빠져나가 튜빙 파이프를 타고 지상으로 밀려 나온다.

그런데 이음새가 없는 파이프를 만들기 위해서는 우선 비렛이라고 하는 막대 모양의 강재(鋼材)를 적열(赤熱)해서 서로 비스듬히 교차하는 롤 사이를 통과시키는 것이다. 둥근 막대가 이 경사롤에서 압연(壓延)되면 그 중심의 조직이 점점 파괴되어 간다. 그래서 창 끝과 같은 공구를 둥근 막대의 중심에 찌르면 둥근 막대는 이음새가 없는 강관으로 변해간다. 둥근 막대에 대해서 압연과 구멍뚫기를 동시에 하고 있는 것이다.

파이프의 재료는 강한 강도가 필요함과 동시에 정밀도 역시 높지 않으면 안된다. 몇 천 미터의 길이로 파이프를 연결해 가기 때문에 나사 길이의 오차가 조금 크면 이음새는 덜커덩덜커덩 커진다. 그 때문에 이음에 대해서 가해지는 힘은 커지고, 파이프는 부러져 버린다.

오늘날 강관공장에서는 컴퓨터로 파이프 길이를 엄밀하게 제어해서 압연 구멍파기를 처리해 간다. 그래서 약 400미리의 외경(外徑)에 대해서 0.4미리 정도의 오차밖에 없다고 하는 정밀 파이프가 만들어지고 있다. 그러므로 심리스 파이프는 수 천 미터의 지하 지압에 견딜 수 있는 것이다.

섬유강화 플라스틱(FRP)

자동차나 철도차량은 그 자신의 중량이 작으면 작을수록 달리기 위한 연료는 적고 또한 같은 양의 연료라면 보다 많은 사람이나 화물을 운반할 수 있다. 항공기의 경우는 특히 많은 연료를 사용하기 때문에, 기체를 가볍게 하는 것은 설계상의 지상명령(至上命令)이다.

플라스틱은 알루미늄과 같은 가벼운 금속보다도 더 가볍다. 폴리프로필렌 등의 밀도(1입방 센티미터당 그램수)는 0.9정도에 불과하고, 유리섬유 등을 섞어서 강화된 플라스틱도 2.0 정도다. 여기에 반해서 알루미늄의 밀도는 2.69이다. 단, 보통의 플라스틱은 금속에 비해서 열에 약하다. 대단한 저온이라면 물러지거나, 고온이라면 녹거나 한다. 그러나 에포키시수지라고 하는 플라스틱은 아래로는 섭씨 영하 40도에서 위로는 150도 정도까지 그 기계적 성질이 변하지 않으며, 또한 성형(成型)할 때의 수축도 매우 적기 때문에 정밀치수 제품의 재료에 적합하다.

그러나 금속에 비해서 잡아당김이나 압축에 견디는 강도가

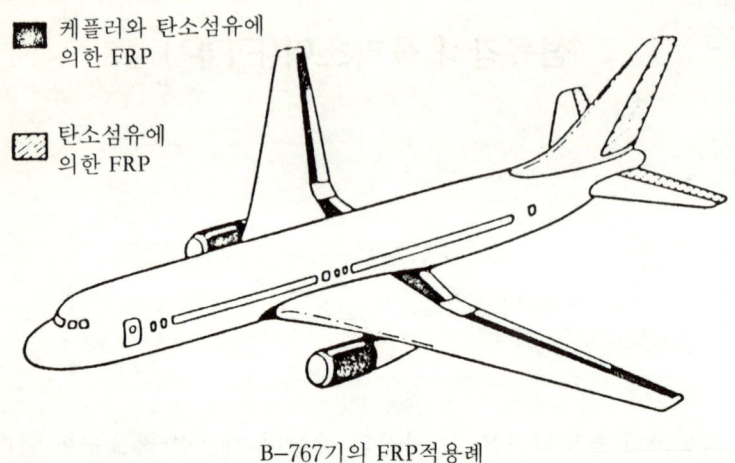

케플러와 탄소섬유에
의한 FRP

탄소섬유에
의한 FRP

B-767기의 FRP적용례

부족하기 때문에 에포키시수지에 유리섬유나 붕소섬유나 탄소섬
유 등을 섞어서 보강하면 항공기의 재료로도 충분히 사용할 수
있게 된다.

　이와같은 플라스틱을 섬유강화 플라스틱(FRP Fiber Reinforced
Plastics)이라고 하는 것이다.

　녹은 유리를 원심력(遠心力)이나 압축 공기 등에 의해 작은
노즐로 불어 내거나, 혹은 금속 브러시를 회전시켜서 쭉 날리거나
하면 수 미크론 굵기의 유리섬유가 생긴다. 유리섬유는 실을 뽑을
수도, 옷감을 짤 수도 있는 것이다.

　유리섬유는 열 전달이 어렵고 강도도 있으며, 충격에도 잘 견디
고, 가볍다. 그렇지만 유리섬유로 강화된 플라스틱은 중량 정도의
강도에서는 알루미늄합금에 뒤지지 않는다고 해도 중량 정도의
강성이 조금 낮아 변형하기 쉽다고 하는 문제가 있어서 유리섬유

강화 플라스틱은 항공기의 주날개나 동체 등의 뼈대에는 사용할
수 없다.

　유리섬유의 낮은 탄성률을(彈性率) 보충하기 위해서 개발된
것이 붕소섬유이다. 이것은 10미크론 정도 지름의 텅스텐섬유나
탄소섬유를 심으로 해서 거기에 붕소를 석출(析出)시킨 것이다.
유리섬유의 결함은 극복되었지만, 밀도가 너무 크고 가격도 비싸
다고 하는 새로운 결함이 있어 다음에 탄소섬유가 등장하게 된
다.

　탄소섬유는 폴리아크릴로니트릴섬유를 아르곤 가스 등을 가득
채운 화로 속에서 구워 만든다. 탄소섬유로 강화된 플라스틱은

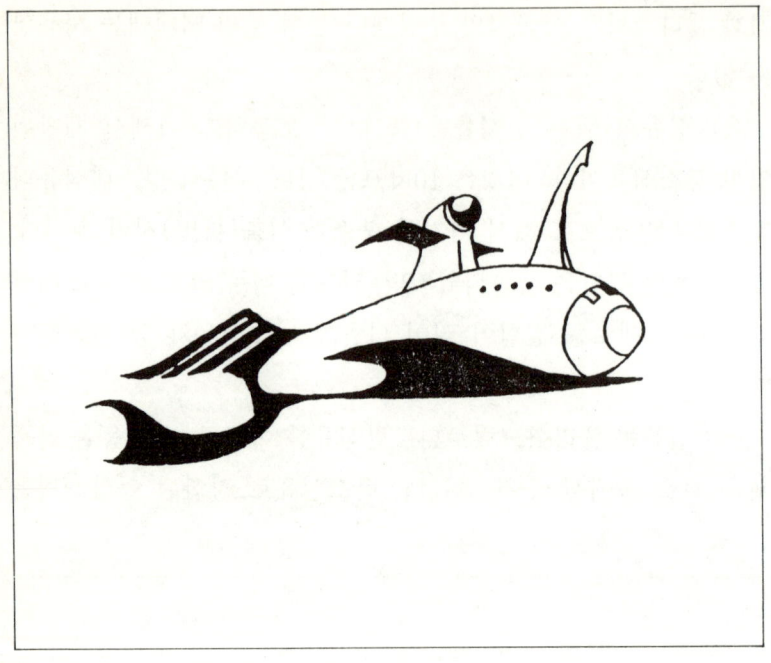

중량 정도의 강도에서도 강성에서도 금속보다 우수하다. 그러나 탄소섬유에도 충격에 약하다고 하는 결함이 있기 때문에, 유리섬유 등과 함께 플라스틱을 강화한 제품도 등장하고 있다. 게다가 폴리아미드계의 고강도 유기섬유(케플러라고 불리고 있다) 등도 플라스틱 강화에 사용되기 시작하고 있다.

이와 같은 새로운 섬유 강화 플라스틱은 현재로는 그림과 같이 여객기나 군용기의 꼬리날개나 주날개에까지 사용되기 시작하고 있다. 만일 기체 구조에 전면적으로 사용되게 되면 알루미늄합금의 경우보다 25%나 기체가 가벼워진다고 한다.

섬유강화 플라스틱은 더욱이 테니스 라켓이나 스키판이나 낚싯대, 골프채의 손잡이 등의 재료로도 널리 사용되고 있다. 테니스 라켓이나 골프채 등은 사용할 때의 느낌도 역시 중요하다. 공을 칠 때 손목에 받는 느낌이 그것인데, 이 점에서는 특히 탄소섬유가 우수하다.

섬유강화 플라스틱의 용도에 대해서 더욱 흥미있는 점은 우주선 대기돌입(大氣突入) 때의 방열차폐판(防熱遮蔽板)으로서의 사용법이다. 섬유강화 플라스틱으로 뒤덮인 우주선의 표면은 공기와의 마찰로 대단한 고온이 되는데 그 때 플라스틱은 분해증발해서 메탄이나 메틸렌이나 수소 등의 기체가 발생한다. 또 한편 분해한 잔사는 탄화층(炭化層)을 만들어 이 탄화층 구멍을 통해서 기체가 증발해 갈 때에 냉각효과가 발생해서 탄화층이 그 내부를 고열로부터 지키는 것이다.

이와 같은 현상을 어브레이션이라고 하는데, 그것은 초고온에 노출된 표면을 변질되지 않도록 보호하는 것이 아니라, 어느 정도 변질시킴으로써 보호하는 방법이다. 플라스틱에는 에포키시수지나 페놀수지 등이 사용된다. 이것들은 30%에서 40%, 유리나 아스베스토(석면) 등의 보강섬유를 60%에서 70%로 구성한 섬유강화 플라스틱은 섭씨 2500도에서 2700도의 고온에 노출되었을 때 1.3센티 두께의 층이 구워 만들어지는데 30분에서 90분이나 걸린다. 그 동안에 우주선은 감속해서 갈 수 있고, 마찰열도 점차 감소하기 때문에 위기를 벗어나는 것이다.

복합재료(複合材料)

두 가지 이상의 소재를 조합한 재료를 복합재료라고 할 수 있다. 철근 콘크리트는 그 좋은 예다. 콘크리트는 그 양끝을 강하게 당기면 쉽게 파괴되기 때문에 그 속에 당김에 강한 철근을 넣어서 보강한 것이다. 섬유강화 플라스틱(⇦)은 오늘날 가장 각광을 받고 있는 복합재료로, 이 때문에 플라스틱의 이용범위가 매우 확대되었다.

이 복합재료는 한 가지만으로 된 소재에 비해서 그 성질이 개선된 것인데, 몇 가지의 기능을 겸해 가지도록 만들어진 복합재료도 있다. 우유팩은 그 예로, 구조재료로서 기능을 하고 있는 종이 내부에 폴리에틸렌 처리가 되어 있다. 팩에 우유를 넣은 다음, 폴리에틸렌을 열로 부분적으로 녹여서 입구를 조인다. 또한 폴리에틸렌은 우유가 종이로부터 배어 나오는 것을 예방하고 있다.

플라스틱을 기계부품의 재료로서 사용할 경우, 그 성질을 개선하기 위해서는 입자(입경 0.1미크론에서 50미크론 활석 이나 마찬가지로 10미크론에서 50미크론의 석고 등)이나 유리섬유

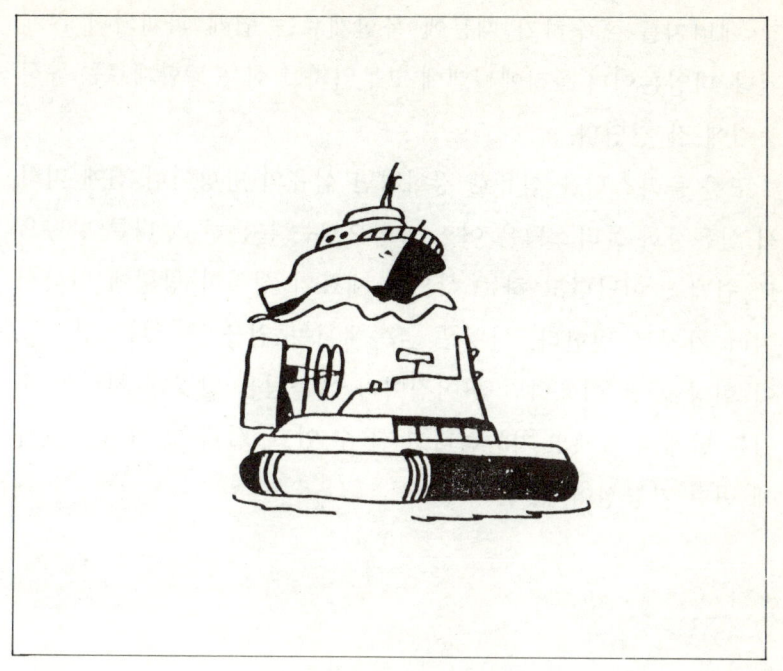

그밖의 물질을 혼합하는 것이 효과적이다. 그로 인해 상태가 안정
을 유지하고, 강성이나 강도가 향상한다.

  그렇지만 그 때 입자나 섬유와 플라스틱의 계면(界面)이 완전
히 결합하고 있지 않으면 기계적 성질은 오히려 악화된다. 즉,
복합재료에 힘이 가해질 경우, 그곳에 힘이 집중해서 파괴되어
버린다. 그래서 입자나 섬유의 표면을 커플링제라고 불리는 화합
물로 처리하여 플라스틱과 화학적으로 결합시키게 한다.

  또한 탤크나 유리섬유와 같이 단단한 재료가 아닌 무른 고무입
자를 혼합하는 경우도 있다. 이렇게 하면 복합재료에 힘이 가해졌
을 경우, 고무입자에 힘이 집중하지만 고무는 계속 변형하여 가해

진 에너지를 흡수하기 때문에 복합재료는 쉽게 파괴되지 않게 된다. 나일론이나 폴리에틸렌에 고무입자를 섞은 복합재료는 특히 충격에 잘 견딘다.

또한 플라스틱을 섬유로 강화하면 섬유의 방향이나 겹에 따라서 섬유강화 플라스틱은 어느 방향으로는 튼튼하고, 다른 방향으로 쉽게 늘어난다고 하는 식으로 재료의 성질이 방향에 따라서 여러 가지로 변한다. 이것은 금속에서는 얻을 수 없는 성질로, 이 현상을 잘 이용하면 휘어짐이나 비틀림을 알맞게 처리할 수 있는 날개의 설계도 가능하다고 할 수 있고, 설계 그 자체도 새롭게 변할 가능성이 있다.

제4장
핵반응

비키니환초(環礁)에 있어서 수폭실험(공동통신사 제공)

방사선(放射線)

라듐은 가열하거나, 냉각하거나, 두드리거나 어떤 상태에 있어서도 그 원자핵에서 항상 방사선을 계속 방출하고 있다. 그 방사선은 알파선이라고 해서 원래의 원자핵에 포함되어 있던 양자 2개와 중성자 2개가 헬륨 원자핵이 되어 방출된 것임에 틀림없다. 그러므로 알파선을 방출하면 원래의 원자핵은 질량수가 4, 원자번호가 2만큼 작은 원자핵으로 변해 버린다. 즉, 원자번호 88의 라듐은 원자번호 86의 라돈이 되어 버린다.

탄소의 동위원소(同位元素)인 탄소 14의 원자핵도 역시 방사선을 내고 있다. 이것은 고속도로 비행하는 전자로, 베타선이라고 한다. 이 전자는 원자핵 속에서 중성자가 양자, 전자, 중성미자로 변화함으로써 생긴 것이다. 원자핵이 베타선을 방출하면 질량수에 변화는 없지만 양자의 수가 하나 증가하기 때문에 새로운 원자는 원래의 원자에 비해서 원자번호가 1 만큼 많아진다. 라듐도 원인을 따지면 우란 238이 알파선을 방출하거나 베타선을 방출하거나 해서 라듐으로 변한 것이다. 더욱이 1만분의 1미크론 이하라고

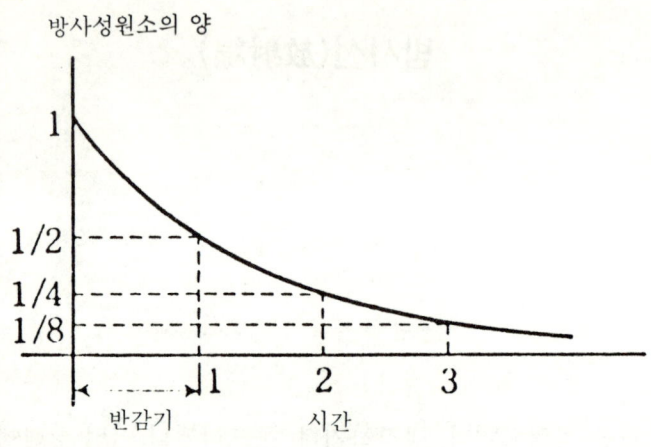

방사성원소의 원자수 감소법

하는 매우 파장이 짧은 방사선을 방출하는 원자도 있다. 이것은 감마선이라고 불리는 전자파다. 감마선을 방출해도 원자핵의 질량수나 원자번호는 변함 없다. 그러나 감마선의 에너지가 방출되기 때문에 그 양 만큼 질량이 조금 감소한다.

　방사성 원소에 있어서는 이와 같이 해서 원래의 원자핵이 점차 변해가는데, 원래의 원자핵수가 2분의 1까지 줄어드는 기간을 반감기(半減期)라고 한다. 반감기에는 1000분의 1초라고 하는 짧은 것부터 수 일, 수 년, 수 만년, 수 억년이라고 하는 긴 것까지 있다. 예를 들면 탄소 14의 반감기는 5600년이고 우란 238의 반감기는 45억년이다.

　방사선의 단위는 큐리다. 1그램 라듐이 1초 간 방출하는 방사선을 1큐리라고 한다. 이것은 1초 간 370억 개의 원자핵이 붕괴하는 것이다.

인체에 조사(照射)된 방사선의 양은 렘을 단위로 하고 있다. X선의 단위는 뢴트겐인데, 1뢴트겐의 X선과 동등한 장해를 일으키는 방사선의 양이 1렘이다.

물질에 방사선이 조사되면 그 원자내의 전자가 방사선 에너지를 얻어 튀어나오고 원자는 이온이 되어버린다.

물체가 방사선으로 인해 받는 장해는 이 전리작용(電離作用)에 근거한 것이다. 그래서 1그램 물질이 방사선으로 인한 전리작용을 통해서 100에르그 (1에르그는 1000만분의 1주울이다)의 에너지를 받을 때, 그 물질의 흡수선량(吸收線量)은 1래드라고

정의되어 있다. X선 조사에 관해서 말하자면 1래드의 흡수선량은 거의 1뢴트겐의 선량의 조사에 해당한다.

　1000렘을 넘는 선량(線量)을 받으면 인간은 대부분의 경우 죽는다. 500렘의 선량을 받으면 병원의 극진한 간호를 받아도 죽는 경우가 적지 않다. 방사선은 인체의 구조를 근본부터 파괴한다. 예를 들면 방사선은 골수의 피를 만드는 기능을 파괴한다. 피속의 백혈구나 적혈구나 혈소판은 시시각각 죽어 가지만, 골수가 잇달아 새로운 피를 생성하기 때문에 인간의 몸은 건전하게 유지되고 있다. 그러므로 그 기능을 상실하게 되면 백혈구도 적혈구도, 그리고 혈소판도 자꾸 감소해 간다.

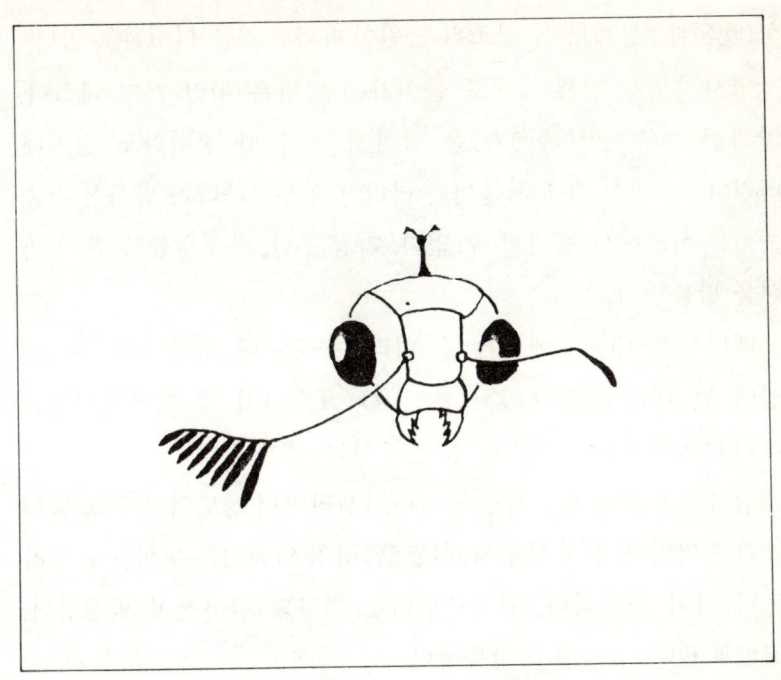

백혈구는 체내에 침입한 미생물을 분해하는 기능을 가지고 있는데, 그 백혈구가 줄어들기 시작하면 육체는 미생물에 대한 저항력을 잃어버린다. 히로시마에서 원자폭탄의 방사능을 쏘인 사람들은 심한 설사에 시달리는데, 그것은 흉악한 적리균(赤痢菌) 등의 소행이 아니라, 보통은 이름도 없는 미생물의 소행이었다. 또한 히로시마의 사람들은 빈번히 내출혈(內出血)을 일으켰다. 이것은 피를 응고시키는 혈소판이 줄어 들었기 때문에 대단치 않은 타격으로 모세혈관이 끊어지기만 해도 피가 멈추지 않고 계속 흐르기 때문이다. 또한 훨씬 후에 암이 되거나 유전자가 돌연변이를 일으켜서 기형아가 태어나거나 한다. 이와 같은 만발

성(晩發性) 장해도 몸 구조의 근원이 파괴된 것을 의미하고 있다.

방사선으로 인해 체내로 들어가는 방법은 여러 가지 다르다. 알파선의 투과력(透過力)은 작아서 종이 한 장이라도 정지해 버린다. 그 대신 체내로 들어가 버리면 외부로부터는 방사선 검출 기기를 사용해도 발견할 수 없다. 라듐, 우란, 플루토늄 등은 알파선을 방출한다.

베타선은 대기중에서는 수 미터, 수중이나 생체내에서는 수 센티 전진할 수 있다. 스트론 90, 요소 131 등 핵분열생성물(→144페이지)에는 베타선을 방출하는 것이 많다.

감마선의 투과력은 매우 강하다. 1센티미터 정도의 철판도 뚫고 통과해 버린다. 감마선을 차폐(遮蔽)하기 위해서는 두꺼운 콘크리트나 납이 필요하다. 원자로부터는 대량의 감마선이 발생한다. 코발트 60은 감마선을 방출한다.

방사능이란 방사선을 방출하는 능력이다. 방사선을 방출하는 물질을 편의적으로 방사능이라고 부르는 경우도 있다.

핵분열

천연 우란에는 우란 238과, 그 동위원소인 우란 235가 섞여 있는데 그 99.3%는 우란 238이 차지하고 있다. 모두 원자핵이 붕괴해서 방사선을 방출하는데 우란 235는 특징있는 붕괴방법을 취한다. 그 원자핵에 중성자를 명중시키면 거의 중량이 같은 두 개의 원자핵으로 분열해 버린다. 이것은 핵분열이다.

1개의 원자핵 분열 때에 평균 2.5개의 중성자도 방출되는데 그 중성자가 각각 두 개의 원자에 부딪치면 다시 2개 이상의 중성자가 방출된다.

그렇게 하면 다음에는 4개의 원자핵이 분열하게 되니까 핵분열은 기하급수적으로 눈깜짝할 사이에 발생한다. 이와 같은 반응을 연쇄반응(連鎖反應)이라고 한다.

다만 중성자가 원자핵과 부딪치지 않고 그저 날아가 버린 것에서는 연쇄반응이 일어나기 어렵다. 그래서 중성자가 헛되이 날아 흩어지지 않도록 우란 235를 어느 정도 크기의 덩어리로 만들면 연쇄반응이 확실하게 발생한다.

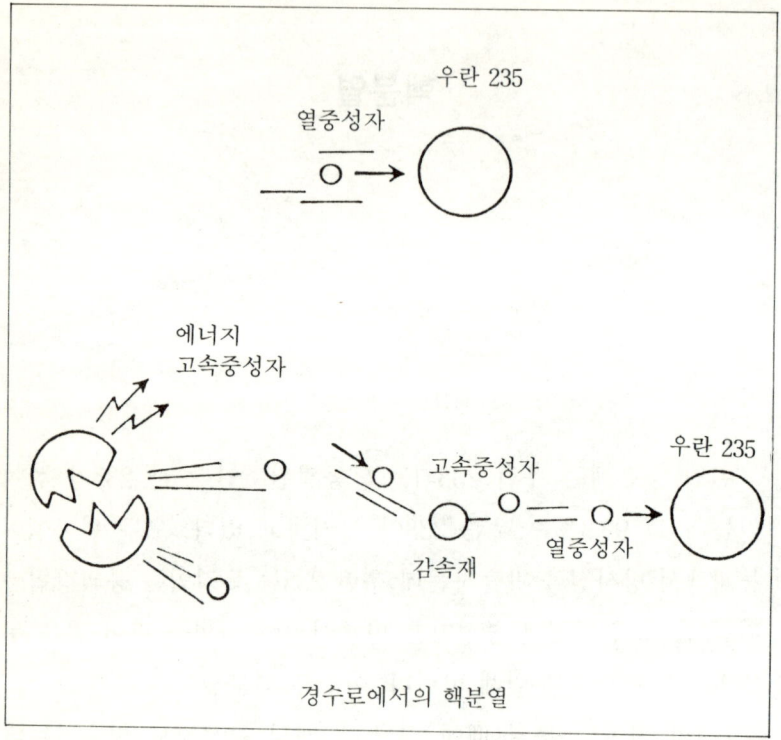

경수로에서의 핵분열

그렇게 하면 불과 80번 정도 핵분열이 반복되었다고 해도 분열한 우란 235의 핵수는 2의 80승개가 되어 거의 1킬로그램의 우란 235가 전부 핵분열한 셈이 된다. 1개의 원자핵이 분열할 때마다 100조분의 3.5킬로그램(3.5×10^{-28}kg)의 질량이 감소하기 때문에 그것에 해당하는 1000억분의 3.2주울(3.2×10^{-11}J)의 에너지가 발생한다.

따라서 1킬로그램의 우란 235의 핵분열에 의해 약 1만분의 9킬로그램(9×10^{-4}kg)의 질량이 감소하여 80조 주울(8×10^{13}J)

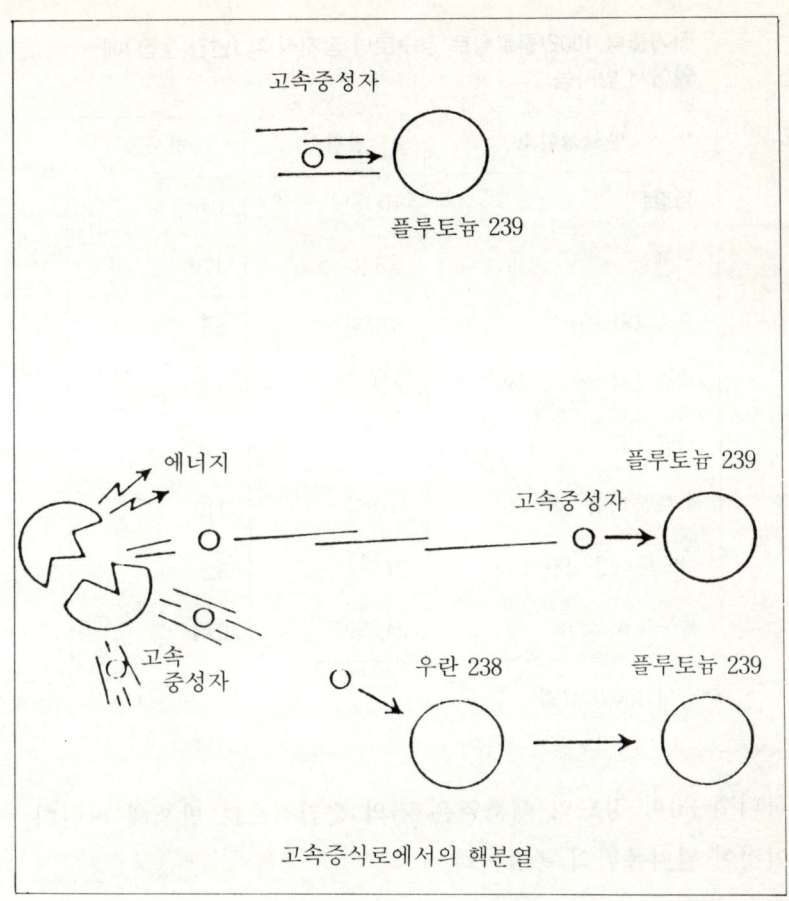

고속중성자

플루토늄 239

에너지

플루토늄 239

고속중성자

고속
중성자

우란 238

플루토늄 239

고속증식로에서의 핵분열

의 핵에너지가 원자핵 속으로부터 나타나게 된다. 이것은 TNT 화약폭탄으로 말하자면 약 20킬로톤(2만톤)의 폭발력에 해당한다.

핵분열로 방출된 중성자가 다음의 원자핵에 부딪쳐서 다시 핵분열을 불러 일으킬 때까지의 시간은 1억분의 1초 정도라고

전기출력 100만킬로와트 경수로의 정지직후(1년간 운전)에
있어서 방사능.

방사성원소	반감기	방사능
트립톤	10.76년	0.6
크세논	5.3일	170
요소 131	8.05일	85
세슘 134	2년	1.7
세슘 137	30년	5.8
스트론티움 89	50.6일	110
스트론티움 90	27.7년	5.2
플루토늄 239	24,390	0.01

〈*단위 100만 큐리〉

하니까 80회 정도의 핵분열은 거의 순간적으로 발생해 버린다.
이것이 원자폭탄의 폭발이다.

우란 235의 덩어리가 꼭 적당한 크기라면 밖으로 도망간 중성자
도 있어서 핵분열이 급격하게 증가하지도 않고, 또한 감소하지도
않는다고 하는 안정된 핵분열이 계속되는 상태가 된다. 핵분열이
이와 같이 일정한 상태에서 완만히 계속되는 것이 원자로내의
핵반응이다.

그런데 같은 원자로(原子爐)라도 경수로(輕水爐)의(◁) 경우
핵분열과 고속증식로(高速增殖爐)(◁)경우의 핵분열과는 조금

다르다. 그림에서 볼 수 있듯이 경수로에서는 속도가 느린 중성자(열중성자라고 부른다)가 우란 235의 원자핵과 충돌해서 2개에서 3개의 고속중성자를 방출시키는데, 이 고속중성자는 감속재(減速材)로의 물과 충돌해서 속도가 느린 열중성자로 변한다. 그 열중성자가 다시 우란 235의 원자핵과 충돌해서 핵분열을 일으킨다.

고속증식로에서는 고속중성자가 우선 그대로 플루토늄 239의 원자핵과 충돌해서 핵분열을 일으킴과 동시에 3개 정도의 고속중성자를 방출시킨다. 다음에 그 고속중성자가 한편으로는 다시 플루토늄 239의 원자핵과 충돌해서 고속중성자를 방출시키고 다른 한편으로는 우란 238과 충돌해서 이것을 플루토늄 239로 바꾸어 버리는 것이다.

전기출력 1000메가와트(100만 킬로와트)의 경수로는 하루에 약 3킬로그램의 우란 235를 핵분열시키고 고열(高熱)을 발생시키는 한편 연료막대 내부에 역시 약 3킬로그램의 핵분열(核分裂) 생성물을 만들어 내고 있다.

그 때문에 1년간 운전을 계속했다고 해도 화로의 작동을 정지시키면 화로 중심에는 172억 5000만 큐리의 핵분열 생성물이 축적되어 있다. 이 핵분열 생성물의 대부분은 자꾸 핵붕괴를 계속하여 방사능을 잃지만, 표에서 볼 수 있듯이 극히 일부에 반감기(半減期)가 매우 긴 반사능이 남는다. 그것들이 인간이나 생물의 체내로 들어와서 알파선이나 베타선이나 감마선 등을 계속 방출할 가능성이 있어 원자로의 위험 근원을 이루고 있다.

경수로

오늘날 원자력의 대부분은 경수로라고 불리고 있는 원자로에 의해 열을 공급받아 그 열로 증기터빈을 운전하고, 증기터빈이 발전기를 운전함으로써 전력이 발생한다고 하는 시스템을 채용하고 있다. 경수로라고 불리는 이유는 중수(重水)가 아닌 보통의 물을 감속재(減速材)(→147페이지)로, 또한 핵분열(⇦)반응으로 인해 고열을 발생하는 연료막대의 수증기로 사용하고 있기 때문이다. 또한 물은 연료막대의 열을 흡수해서 고압고온의 수증기가 되어 증기터빈을 회전시킨다. 경수로의 물은 이와 같이 세가지 역할을 맡고 있다.

경수로에는 두 종류가 있다. 하나는 원자로 속에서 직접 수증기를 발생시키는 것으로 비등수형로(沸騰水型爐 ; BWR)라고 불린다. 다른 하나는 원자로의 물에 고압을 가해서 화로 중심에서는 물을 비등시키지 않고, 그 열수(熱水)를 증기 발생기로 보내서 그곳에서 저압의 물과 열을 교환시켜 수증기를 발생시키는 것으로 가압수형로(加壓水型爐 ; PWR)라고 불린다.

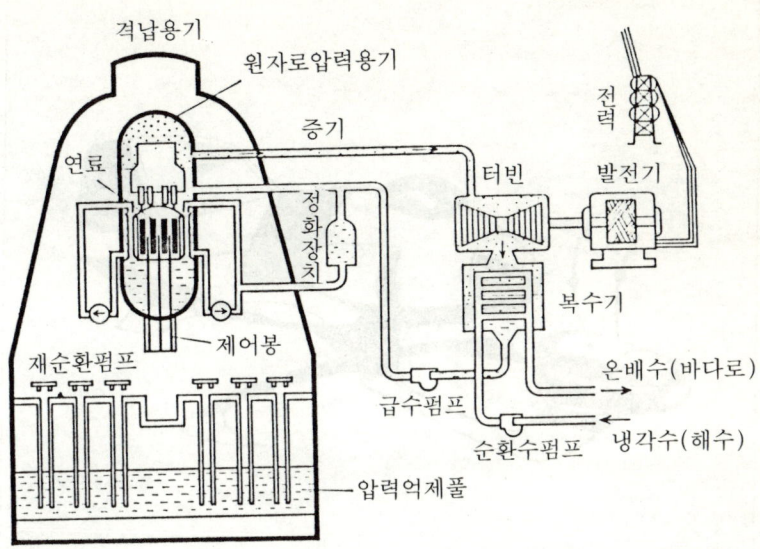

BWR 발전로의 구조로

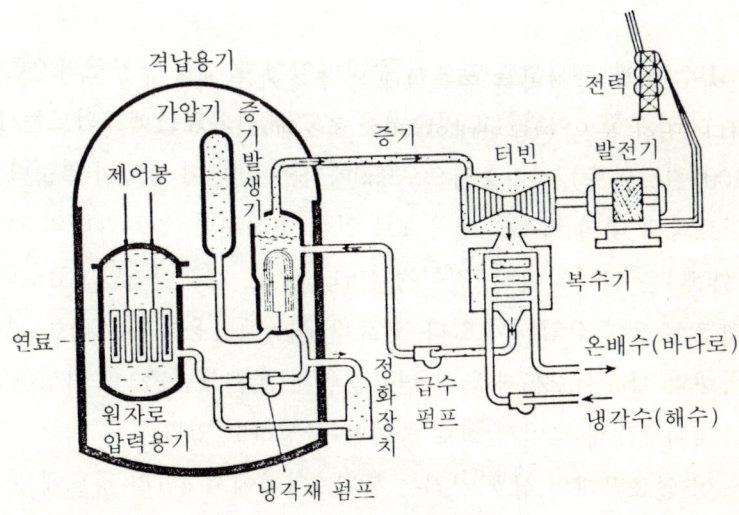

PWR발전로의 구조로

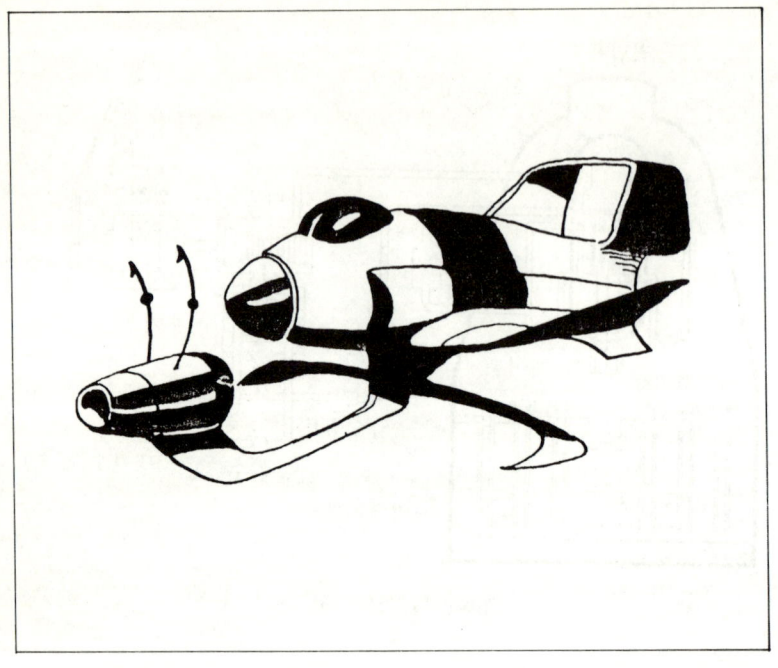

　1979년에 큰사고를 일으킨 슬리마일섬 원자력 발전소의 2호기
는 가압수형로이다. 그 열출력은 2772메가와트(1메가와트는 10
1000킬로와트), 전기출력으로959메가와트다. 이 정도의 열출력이
연료막대 내의 핵분열 반응으로 인해 초래된다. 연료막대의 외경
(外徑)은 11미리미터, 길이는 4미터 남짓, 그것이 3만 6816개나
화로 중심에 삽입되어 있다. 연료막대는 핵반응을 제어하는 제어
막대와 합해서 225개씩 한 연료집합체(燃料集合體)를 형성하고,
그것이 177개 모여서 화로 중심을 구성하고 있다.
　이 연료막대의 상호 간격은 불과 3미리에서 4미리 정도에 불과
하기 때문에 3만 개를 넘는 연료막대가 빽빽이 삽입되어 있다고

하는 모양으로 되어 있다. 그리고 연료막대 속에는 2.65%로 농축된 우란 235의 핵분열이 완만히 발생하고 있어 섭씨 약 2400도의 고온이 발생하고 있다. 연료막대의 피복관(被覆管) 재료는 지르코늄합금으로, 그 융점은 약 1900도이기 때문에, 이대로는 연료막대는 순식간에 녹아 버린다. 그래서 연료막대 상호의 틈을 냉각재(冷却材)가 흐르면서 연료막대를 계속 식히고 있는 것이다.

이 때문에 피복관 표면의 온도는 345도 정도로 저하되고 냉각재인 물은 320도로 뜨거워져서 화로 중심으로부터 나간다. 화로 중심 속에서는 143기압이라고 하는 고압이 가해지고 있기 때문에 물은 비등하지 않고 열수인 채 증기 발생기로 보내진다.

화로 중심을 냉각시킨 물은 1차냉각재라고 불리는데, 그 1차 냉각재가 증기 발생기의 세관(細管) 내부를 통과하는 한편 세관 외부에는 2차 냉각재가 흐르고 있다. 2차 냉각재에는 63기압 정도밖에 압력이 가해지고 있지 않기 때문에 세관을 통과해서 1차 냉각재로부터 열을 받아서 315도의 온도가 되면 순식간에 수증기화되어 증기터빈으로 보내진다. 슬리마일섬 발전소의 사고는 이 2차 냉각재의 펌프 고장에서 시작된 것이다.

비등수형로(沸騰水型爐)의 경우는 화로 중심의 압력은 71기압 정도이기 때문에 물은 화로 중심에서 이미 수증기가 되어 직접 증기터빈을 향한다. 연료막대는 가압수형로에 비해서 약간 굵어 외경 14미리미터, 길이도 짧아 3.6미터 정도다. 연료막대 상호의 간격도 가압수형로에 비해서 약간 크다.

그런데 원자력 발전소의 냉각재 관계의 방사성 폐액(廢液)이나 오염된 천, 작업복, 기구 등은 재처리 후의 고레벨 방사성 폐기물

(←)에 대해서 저 레벨 방사성 폐기물이라고 한다. 저장되기 쉽도록 각각 소각되거나 아스팔트화 되기도 하는데 방사능이 감소하는 것이 아니라 당분간 드럼통에 담겨져서 발전소의 부지 내에 보관되고 있다. 드럼통의 수가 증대하는 것과 비례해서 위험이 증가하는 것은 확실하다.

고속증식로(高速增殖爐)

우란 235가 아닌 플루토늄 239를 주요핵연료(主要核燃料)로
해서 동력(動力)을 생산함과 동시에 우란 238로부터 플루토늄도
생산하고 더구나 그 플루토늄의 생산속도가 플루토늄연료의 소비
속도를 상회하도록 설계된 원자로가 고속증식로다.

고속증식로에서는 경수로와는 달리 고속중성자(→147페이지)
의 속도를 떨어뜨릴 필요가 없기 때문에 감속재는 필요하지 않
다. 역으로 말하자면 고속중성자의 속도를 떨어뜨리는 것과 같은
물질은 화로 중심이 될 필요가 없기 때문에 물을 냉각재로 할
수 없다. 그래서 중성자의 속도를 떨어뜨리지 않고, 또한 능률
좋게 화로 중심의 열을 운반하는 냉각재로 액체나트륨이 사용되
고 있다.

핵연료의 생산속도가 소비속도를 상회하도록 하기 위해서는
상당히 효율 좋게 고속중성자가 발생하고, 또한 그로 인하여 효율
좋게 우란 238이 플루토늄으로 변하지 않으면 안된다. 그래서
연료막대의 외경은 더더욱 가늘어져 0.65미리미터가 되어 화로

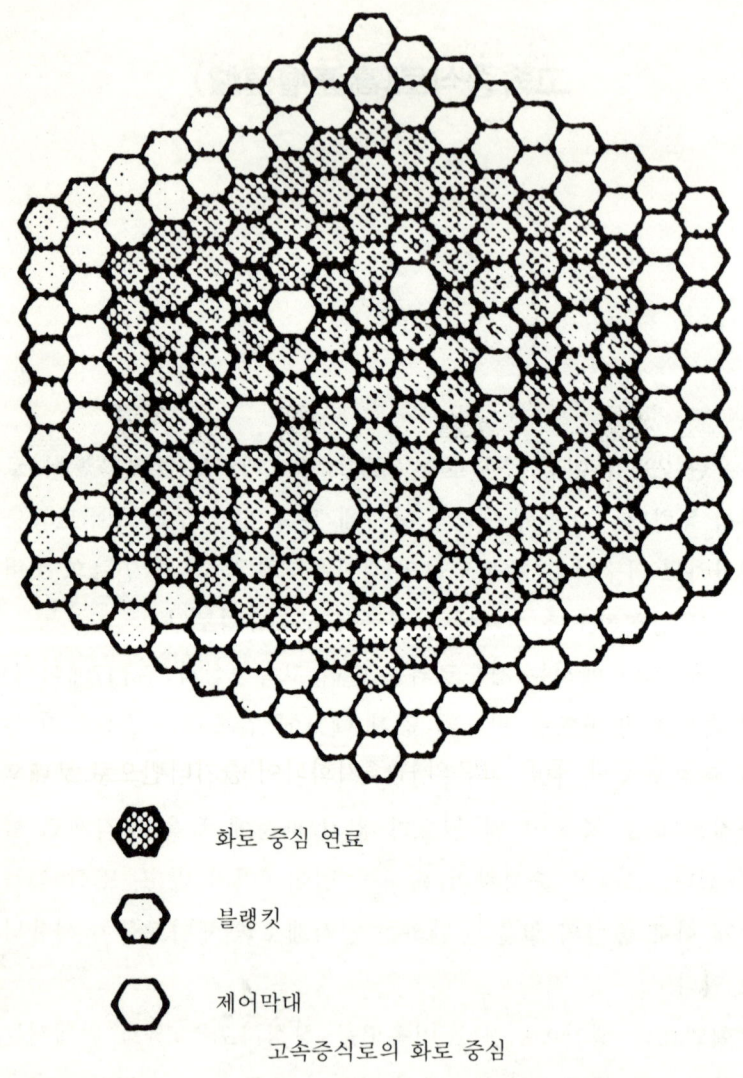

<table>
<tr><td>화로 중심 연료</td></tr>
<tr><td>블랭킷</td></tr>
<tr><td>제어막대</td></tr>
</table>

고속증식로의 화로 중심

중심에는 높은 밀도로 핵연료를 채워 놓지 않을 수 없다. 그러므
로 고속증식로의 화로 중심의 단위용적당 출력은 경수로의 3배에

서 15배나 높아지고 있다.

우리나라에서 계획되고 있는 전기출력 300메가와트의 원형로
(최초의 실용로)에서는 핵연료로 플루토늄의 비율이 약 21%내지
는 29%의 우란——플루토늄 혼합 산화물(混合 酸化物)을 사용한
다. 화로 중심의 핵연료 집합체수는 198개, 한 집합체는 169개의
연료막대로 구성되어 있기 때문에 그 총수는 3만 3462개에 이른
다. 이 정도 수의 연료막대가 불과 직경 1미터 79센티, 높이 93
센티의 화로 중심에 삽입되고 있는 것이다. 게다가 그림과 같이
그 화로 중심연료를 둘러싸고, 우란 238을 삽입한 블랭킷핵연료
집합체가 172개 존재하고 있다. 한 집합체당 연료막대의 수는
61개다.

연료막대를 냉각하는 액체 나트륨(1차 냉각재)은 그림(156페이
지)과 같이 섭씨 529도의 고온을 안고 열교환기로 보내져서 그곳
에서 다른 액체나트륨(2차 냉각재)에 열을 옮긴다. 그 액체 나트
륨은 가압수형 경수로에서 볼 수 있듯이 증기발생기로 보내져서
물에 열을 옮긴다. 물은 고온의 수증기화되어 증기터빈으로 보내
진다.

이 액체 나트륨은 물과 직접 접촉하면 폭발적으로 타올라서
화로 중심을 파괴할 우려가 있기 때문에 양자를 딱 분리하는 일이
고속증식로의 안전상의 중요한 문제다. 또한 경수로(⇦)의 경우와
달리 중성자의 수명이 매우 짧다. 핵분열 때에 곧 생기는 중성자
를 즉발성(即發性) 중성자라고 하는데, 이 수명은 100만분의 1
초 이하에 불과하여 경수로의 경우의 100분의 1정도밖에 안된
다. 다른 한편 핵분열 생성물의 원자핵 붕괴로 인해 발생한 중성

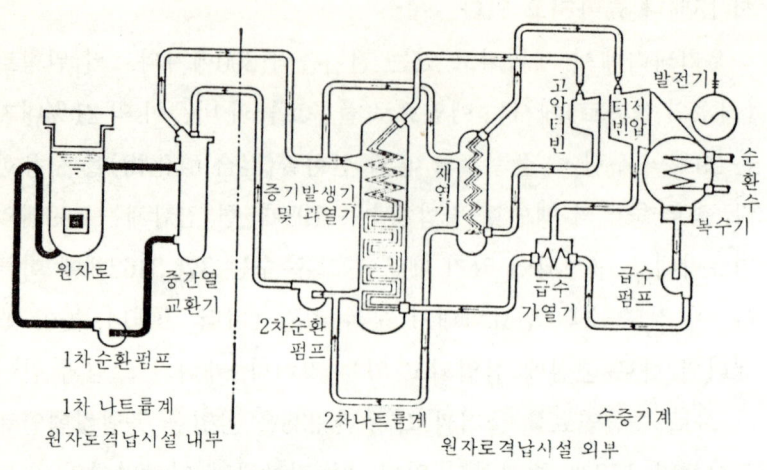

원자로　　중간열　　　2차순환　　급수　　급수
　　　　　교환기　　　펌프　　가열기　펌프
1차 순환 펌프

1차 나트륨계　　　　　　　　2차나트륨계　　　　수증기계
원자로격납시설 내부　　　　　　원자로격납시설 외부

일본의 고속증식로「문수보살」의 구조도

자는 지발성(遲發性) 중성자라고 하는데, 이 수명은 수 분의 1
초에서 수십 초에 걸치고 있다. 고속증식로에서는 경수로에 비해
서 지발성 중성자의 비율도 매우 적다. 경수로에서도 지발성 중성
자수는 적지만, 그 수명이 길기 때문에 중성자의 제어에는 다소의
여유가 생긴다. 어쨌든 고속증식로에서는 중성자를 늘리거나 줄이
거나 할 때의 여유가 부족해서 그 제어가 어렵다.

　그 때문에 핵분열 반응이 불안정해졌을 경우에 중성자가 급증
해서 핵폭발을 일으킬 가능성도 생각할 수 있다. 이 중성자의
미묘한 제어가 안정상 또 하나의 큰 문제다.

　더욱이 연료막대를 냉각시키고 있는 나트륨이 배관의 파손등으
로 인해 그 기능을 상실하면 어떻게 될까하는 문제도 있다. 이것
은 원래 경수로에서 가장 두려워하고 있는 사고다. 슬리마일섬

원자력 발전소에서는 냉각수의 감소로 인해 연료막대의 피복관이
과열해서 용융(熔融)하기 시작했다. 그 때문에 금속과 물이 반응
하여 수소가 발생하고, 수소 폭발의 위험성에 대해서 엄계체제
(嚴戒體制)가 시행된 것이다.

　고속증식로에서는 화로 중심의 출력밀도가 높은데다가 제어에
여유가 없기 때문에 나트륨의 약간의 감소로도 순식간에 연료막
대가 과열해서 용융될 우려가 있다. 그 결과, 나트륨의 증기가
폭발하거나, 나트륨과 물이 폭발적으로 반응하거나 해서 연료막대
내부의 대량의 방사능이 외부로 방출될 가능성도 있다.

　그러나 고속증식로에서는 우란 238로부터 플로토늄이 자꾸
생산되기 때문에 우란 235만을 핵연료로 이용하는 경우에 비해서
천연우란의 이용효율이 40배에서 50배로 향상한다. 이것은 핵연료
용으로 우란 자원량(資源量)이 그만큼 증가한다는 것을 의미하고
있다. 이것이 고속증식로 발전의 대의명분이 되고 있다.

고레벨방사성 폐기물

경수로(⇦)의 연료막대(→150페이지) 속에서 핵분열(⇦)이 계속 일어나고 있다면, 핵분열 생성물(→147페이지)이 점점 모이게 된다. 그렇게 되면 핵분열의 효율이 나빠지는 한편 연료막대의 피복관도 방사능 때문에 파손되므로 원자력 발전소에서는 1년마다 연료막대 전체의 3분의 1에서 4분의 1을 교체한다. 사용이 끝난 연료막대에는 미반응(未反應) 우란 235가 남아 있고, 또한 우란 238의 일부가 중성자를 흡수해서 플루토늄으로 변해 있기 때문에 그것들을 회수하기 위해서 사용이 끝난 연료막대는 재처리공장으로 보내진다. 그곳에서 우란 235나 플루토늄을 회수한 다음에 남은 폐액이 고레벨방사성 폐기물이라고 하는 것이다.

재처리 공장에서는 연료막대를 절단한 다음, 초산탱크 속에 투입한다. 그러면 피복관의 금속은 녹지 않지만 우란이나 플루토늄이나 그밖의 핵분열 생성물은 초산에 녹아 버린다. 다음에 우란이나 플루토늄과 그밖의 핵분열 생성물을 분리한다. 우란은 산화우란의 초산염용액$\langle UO_2(NO_3)_2 \rangle$,플루토늄은 그 초산염용액$\langle PU$

$(NO_3)_4$〉으로 재처리 공장에서 출하된다. 나머지 고레벨방사성 폐기물 중 대부분의 핵분열 생성물 방사능은 자꾸 감소해 가지만, 일부에는 좀체 감소하지 않는 방사능(→147페이지)이 있다. 반감기(→138페이지)30년이라고 하는 세슘 137은 인체의 전신 (全身)에, 반감기 8.05일의 요소 131은 갑상선에, 마찬가지로 27.7년의, 스트론티움 90은 뼈에라고 하는 식으로 각각 인체내로 침투하기 쉽다. 만일 그렇게 되면 체내에서 방사선(⇦)을 계속 방출하게 되어 인간의 육체구조의 근원이 파괴되어 버린다. 이와 같은 고레벨방사성 폐기물은 지금 단계에서는 폐액탱크에 저장해 두고 있지만, 폐액으로 인해 탱크가 부식되거나 해서 외부로 방사

능이 노출된다고 하는 사고가 미국 등에서 발생하고 있다.

폐액을 고체화해서 저장하게 되면 용적은 매우 작아지고 방사능도 외부로 노출되기 어려워질 가능성도 생각할 수 있다. 그러나 예를 들어 유리에 가두는 기술에 대해서는 유리의 금을 완전히 막아낼 수 없어 방사능 노출을 절단할 정도까지는 이르지 못하고 있다. 방사능을 인공 암석의 결정으로 봉쇄하는 기술도 생각되고 있지만, 방사성 원소마다 각각 알맞는 결정을 선택하는 일이 매우 번거롭다. 게다가 액체상이든 고체상이든, 방사선이 계속 방출되고 있는 이상은 고레벨방사성 폐기물은 계속 발열하고 있는 것으로 그 열 때문에 불필요한 화학반응이 발생해서 방사능 노출의 위험이 생길 가능성도 있다.

핵융합(核融合)

태양의 반경(半徑)은 69만 6000킬로미터로 지구 반경의 10배나 된다. 그러므로 그 중심부는 원자상호의 만유인력으로 인해 맹렬하게 압축받고 있어 초고온이 발생하고 있음에 틀림없다. 그리고 그곳에서는 4개의 수소 원자핵이 모여서 1개의 헬륨 원자핵(2개의 양자와 2개의 중성자로 구성되어 있다)으로 변하는 핵반응(核反應)이 발생하고 있으리라 추정되고 있다.

이와 같이 작은 원자핵이 합쳐져서 보다 큰 원자핵으로 변하는 반응을 핵융합(核融合)이라고 부른다. 4개의 수소원자핵의 질량합은 1000조분의 6.7킬로그램의 다시 1조분의 1(6.7×10^{-27}kg)이지만, 핵융합 결과 그 질량은 2자릿수 만큼, 즉 1000조분의 5킬로그램의 다시 100조분의 1(5×10^{-29}kg)만큼 감소한다. 원자핵 질량의 이 감소분은 1조분의 4.5주울(4.5×10^{-12}J)에 해당하는데, 이것이 헬륨원자핵의 운동에너지나 빛에너지로서 나타나는 것이다. 태양빛은 핵융합으로 생긴 빛이다.

핵융합은 별의 진화와 깊은 관계가 있다고 말할 수 있다. 항성

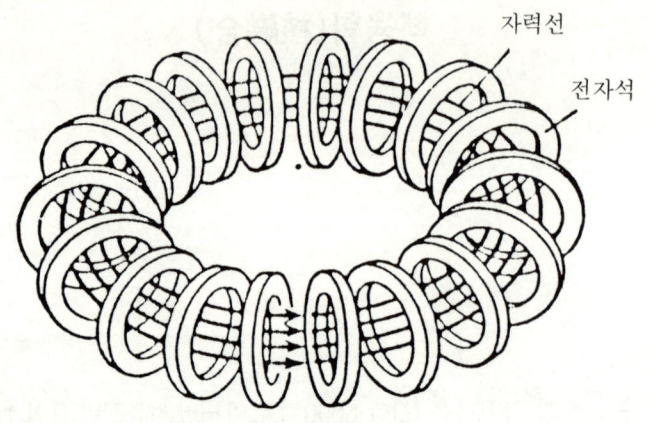

자력선

전자석

고리모형 자기폐쇄장치의 원리

(恒星)이 아직 그 형태를 이루기 전에는 수소를 주성분으로 한 가스가 우주 이곳저곳을 떠돌고 있었지만 만유인력으로 인해 그 가스가 서로 끌어당겨서 이윽고 거대한 가스 덩어리가 되자 중심부는 극도로 압축되어 온도가 올라가서 태양의 경우, 중심부의 온도는 현재 약 1500만도에 이르고 있으리라 생각되고 있다. 그 초고온 때문에 수소원자핵으로부터 전자가 유리되어 모두 고속으로 격렬하게 운동하고, 더욱이 초고밀도 때문에 정전기력 (静電氣力)인 반발력(反發力)을 초월해서 벌거숭이 원자핵이 서로 접촉하고 충돌해서 헬륨 원자핵으로 변해 버리는 것이다.

핵융합은 지구상에서도 발생할 수 있다. 수소의 동위원소인 이중수소나 3중수소는 수소끼리보다도 핵융합을 쉽게 일으키기 때문에 이들의 혼합가스를 핵연료로 이용한다. 항성의 경우와 같이 만유인력으로 인해 고온을 발생시키는 일은 지상에서는 불가능하기 때문에 양이온이 자계(磁界)를 중심축으로 해서 나선 모양으로 운동하는 성질을 이용하여 플라즈마라고 불리는 밀도 높은 가스 덩어리를 용기 내에 만든다. 그 자계는 또한 강력하면 강력할수록 이온의 운동 에너지를 자꾸 높이기 때문에 가스의 온도도 상승하여 핵융합이 일어날 가능성이 충분히 있다.

다만, 용기가 보통의 직육면체나 원통이라면 핵 융합이 발생했을 경우 고온의 가스가 용기 벽과 접촉해서 용기는 파괴되어 버린다. 그래서 용기를 도너츠 모양으로 만들어 도너츠통 속에

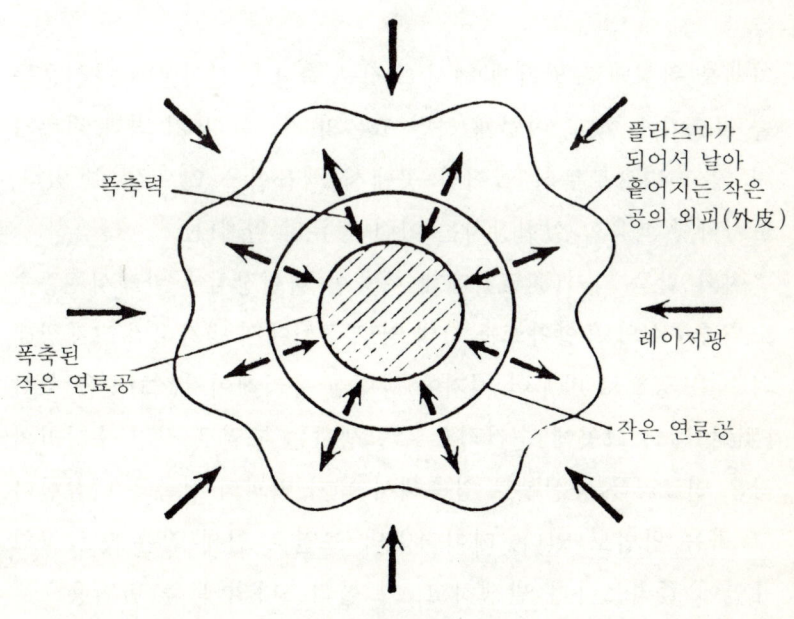

레이저폭축의 원리

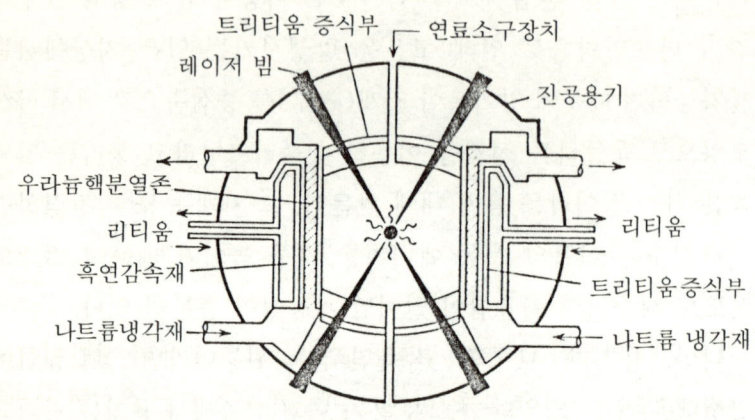

트리티움 증식부　연료소구장치

레이저 빔

진공용기

우라늄핵분열존

리티움

혹연감속재

나트륨냉각재

리티움

트리티움증식부

나트륨 냉각재

레이저 핵 융합의 구조

자계를 원상태로 달리게 해서 그것을 축으로 양이온에 나선운동
을 일으키게 한다. 이렇게 하면 고온의 가스는 용기 벽과 접촉하
지 않고 벽으로부터 떨어진 곳에서 핵융합을 일으킬 수 있다.
도커막형 핵융합 실험장치는 이런 종류의 일례다.

　이와 같은 자기(磁氣) 폐쇄 핵융합 실험장치에 반해서 2중수
소, 3중수소의 혼합가스를 절대 영도 근처에서 냉각시켜 고체상태
의 작은 공으로 바꾸어 거기에 강력한 유리레이저(⇦)빛을 조사
(照射)해서 그곳에 순간적으로 발생하는 고열로 직경 수미리의
작은 연료공을 중심부로 압축해서 용기 벽과의 접촉을 단절한다
고 하는 방법도 있다. 레이저빛의 고열로 인해 작은 연료공의
표면에 플라즈마가 발생하고, 그 플라즈마의 분출 반작용으로
작은 공 내부가 압축되어 고열을 발생하는 것이다. 이와 같은

장치는 관성(慣性) 폐쇄 핵융합 실험장치라고 불린다. 플라즈마란 원자핵으로부터 전자가 유리해서 각각 뿔뿔이 흩어져 대단한 기세로 운동하고 있는 것과 같은 가스로, 핵융합에 이용되는 것과 같은 플라즈마 외에 전기불꽃에서 볼 수 있는 것과 같은 플라즈마도 있다.

플라즈마가 핵융합을 일으킬 때의 온도를 점화온도(点火溫度)라고 하는데, 2중수소와 3중수소의 핵융합 반응의 경우, 그것은 최저 7000만도라고 한다. 점화온도 이상의 고온유지 시간이 길어지면 밀도는 작아야 좋고, 반대로 밀도가 높으면 고온유지 시간은 짧아야 좋다. 핵융합의 실현을 위해서는 그 두 가지 요소의 면적이 1입방센티당 100조초(10^{14}s / cm³)가 되어야 한다. 이것은 로슨의 조건이라고 불리고 있다. 토커막장치에서는 자계(磁界)의 한계로 인해 플라즈마의 밀도가 낮기 때문에 1초라고 하는 긴 고온유지 시간이 필요하다. 관성 감금형 장치에서는 레이저빛의 조사시간이 1펄스에 대해서 10억분의 1초라고 하는 것처럼 짧기 때문에 높은 밀도가 요구되고 있다.

중성자 폭탄

핵융합(⇦)반응을 완만하게가 아니라 급격하게 진행시키면 핵폭발이 일어난다. 이것이 수소폭탄 혹은 열핵무기다. 현재의 핵무기는 대부분이 열핵무기에 속하는 것인데, 그것은 핵융합반응만으로는 작동하지 않는다. 핵융합을 일으키기 위해서는 적어도 1억도의 온도가 필요한데, 그 고온(高溫)을 얻기 위해서는 핵분열(⇦) 반응을 이용하지 않으면 안된다.

그래서 보통의 핵무기 구조는 다음 그림과 같이 되어 있다. 우선 화약이 폭발하면 몇 부분으로 분리되어 있던 핵분열 물질(우란 235나 플루토늄 239)이 합쳐져서 핵 폭발이 발생하고, 그로 인해 생긴 1억도의 열에 의해 핵융합 반응이 일어난다.

그런데 핵융합으로 인해 방출되는 고속중성자(高速中性子)의 에너지는 14메가 전자볼트(1메가 전자볼트란 100만볼트의 전위차로 전자를 가속했을 때에 전자가 얻는 에너지로, 10조분의 1.6주울과 같다)로서 핵분열로 인해 방출되는 고속중성자 (→102페이지) 2메가 전자볼트의 에너지에 비해서 훨씬 크다. 그 때문에 이 고속중성자는 핵무기의 외부에 배치되어 있는 우란 238을 핵분열시켜 핵폭발을 일으키게 해 버린다. 여기에 반해서 다음 그림과 같은 구조의 핵무기에는 우란 238은 포함되어 있지 않다. 이 때문에 이와 같은 형태의 핵무기 경우는 핵융합과 핵분열의 각 폭발력의 비율이 50대 50, 60대 40 혹은 70대 30이라고 하는 식으로 보통 핵무기에 비해서 핵융합 반응의 비율이 증가되고 있다.

만일 순수한 핵융합 무기가 있을 수 있다면, 그 폭발로 인해 발생하는 에너지의 20%가 폭풍과 방사열 형태로, 80%가 거의 고속중성자인 제1차 방사선 형태로 나타난다. 여기에 반해서 핵분열 폭발의 경우는 에너지의 50%가 폭풍으로, 35%가 방사열로, 5%가 제1차 방사선(⇦)(고속중성자와 감마선), 10%가 제2차방사선 핵분열 생성물(→147페이지)의 자연붕괴로 인한 방사선으로 나타난다.

그러므로 핵융합 반응의 비율을 증가시킨 핵무기는 보통의

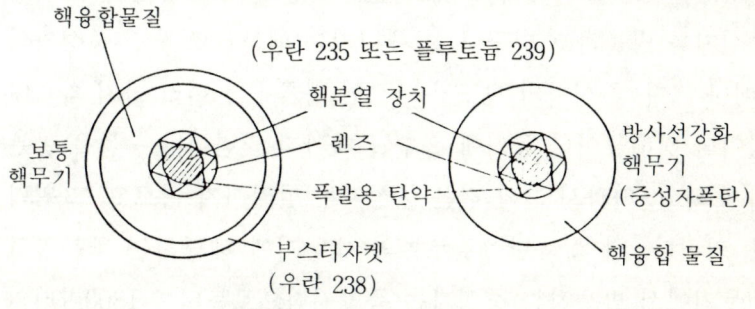

보통 핵무기와 중성자 폭탄

핵무기에 비해서 훨씬 많은 고속중성자를 방출하게 된다. 그래서 이와 같은 핵무기는 중성자 폭탄이라고 불리는 것이다.

　같은 폭발력에 대해서 말하자면 핵융합은 핵분열의 10배의 중성자를 방출하고 더구나 그 에너지는 핵분열로 생긴 중성자의 7배나 크다. 중성자의 속도가 빠르면 빠를수록 여러 가지 파괴대상이나 장해물이나 공기에 흡수될 때까지 몇번이나 충돌을 반복하게 되며, 따라서 그와 같은 중성자는 멀리까지 이르고 그 위력은 커진다. 화약 폭탄 1킬로톤의 에너지에 해당하는 핵분열형 핵무기에서 발생하는 중성자는 폭발지점으로부터 약1300미터의 거리까지 도달하는데 반해서 중성자 폭탄에서 튀어나온 중성자는 약 2400미터의 거리까지 도달한다.

이렇게 해서 중성자 폭탄은 방사선 강화 핵무기라고 불러야 할 것이며, 건물이나 군사시설이나 무기를 파괴하기 보다도 방사선으로 사람을 살상하는데 역점을 둔 핵무기라고도 말할 수 있다. 그러나 중성자 폭탄은 처음부터 고속중성자를 방출하는 것은 아니다. 핵융합 반응에 대해서 말하자면 그 폭풍이나 방사열은 같은 폭발력의 보통 핵무기의 4분의 1 정도다. 히로시마에 투하된 원자폭탄의 폭발력은 화약폭탄 20킬로톤의 에너지에 해당한다고 하는데, 그렇게 보면 2킬로톤의 중성자 폭탄은 핵융합만이 일으킨 폭풍이나 방사열에 대해서는 히로시마형 원폭의 약 40분의 1이라고 할 수 있다. 그러나 화약폭탄에 비하면 규모가 틀린 파괴력을 가지고 있다.

히로시마나 나가사끼에서는 지상으로부터 약 600미터의 상공에서 원자폭탄이 폭발했다. 그 순간에 약 5000만도의 열이 발생하고 거대한 불덩이가 출현해서 최초 3초 간, 매우 강한 방사열이나 빛이 방사되었다. 폭발 중심으로부터 1200미터 떨어진 지점에서도 적어도 1800도 이상의 온도가 4초간 계속되었으리라 추정되고 있다. 폭발중심의 바로 아래에서는 충격파인 폭풍으로 인해 1평방미터에 대해서 5톤에서 10톤의 힘이 가해졌을 것이다. 그와 같은 돌풍이 1초 간 계속되고 나서 1초 간 정지한 후, 다음 1초 간에는 똑같은 돌풍이 이번에는 역방향으로 불어온다. 보통의 화약폭탄이라면 1000분의 수 초간만 폭풍이 발생하지만 그보다 훨씬 길게 폭풍이 계속되는 것이다. 이렇게 해서 폭발 중심으로부터 반경 800미터까지의 모든 건축물은 완전히 파괴되어 버렸다.

　중성자 폭탄의 경우는 반경 250미터의 원내(円內)의 지역에서 폭풍으로 이것에 가까운 파괴가 발생한다. 게다가 반경 850 미터 원내의 사람은 폭풍이나 방사열로 인한 죽음을 면한다고 해도 8000래드(→139페이지) 중성자선(中性子線)에 노출되어 거의 죽임을 당해버릴 것이다. 중성자 폭탄이 시민에 대해서도 가공할 만한 피해를 불러 일으킬 것은 확실하다.

제5장
일렉트로닉스 I

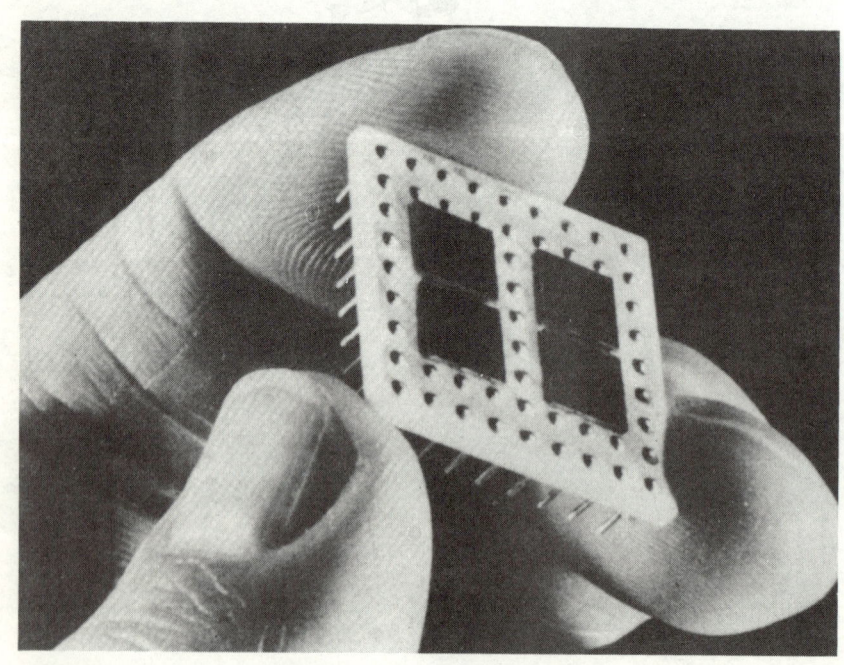

LSI의 반도체칩(공동통신사 제공)

원자의 에너지 준위(準位)

　최근 원자와 같이 반도체라고 하는 말을 모르는 사람은 없을
것이다. 그러나 반도체의 작용을 알고 있는 사람은 적다. 반도체의
작용을 알기 위해서는 우선 반도체나 부도체의 에너지준위나
에너지대에 대해서 알 필요가 있다.

　어떤 원자라도 원자핵을 회전하는 전자는 몇 층의 껍질을 형성
하고 있다. 원자핵에 가까운 쪽의 전자는 핵과 강하게 결합하고
있어 원자로부터 떨어지기 어렵지만, 가장 바깥쪽 껍질의 전자만
은 원자로부터 떨어지거나 다른 원자에 결합되거나 하기 쉽다.
이와 같은 전자의 행동 때문에 전류가 흐르거나, 빛이 발생하거나
화학반응이 일어나거나 하는 것이다. 이 전자는 가전자(價電子)
라고 불린다.

　금속의 전자가 모여서 결정을 이루고 있을 때에 가전자의 일부
는 개개의 원자로부터 떨어져서 결정 속을 돌아다니고 있다. 이와
같은 전자는 자유전자(自由電子)라고 불리는데, 그 에너지는 다른
전자에 비해서 당연히 높다. 원자핵을 둘러싼 전자의 껍질이 바깥

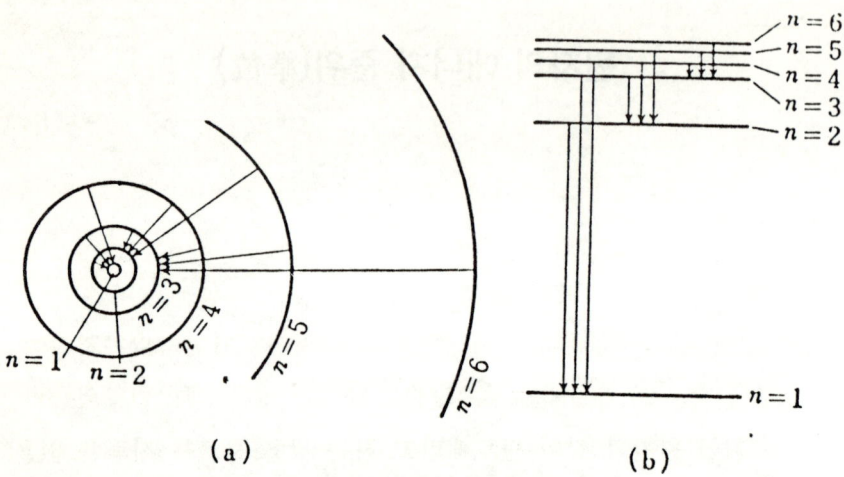

원자핵을 회전하는 전자, 수소원자의 전자궤도(a)와 에너지준위(b),
화살표는 빛을 방출할 경우의 에너지준위의 변화를 가리킨다.

쪽에 있으면 있을수록 각각의 껍질에 속하는 전자의 에너지는
높아지는 것이다.

원자핵 주위의 1개의 전자가 가진 에너지는 그 운동에너지와
정전기력(靜電氣力)의 위치에너지의 합으로, 그 값이 전자의 에너
지준위라고 불린다. 그 에너지준위는 몇 층의 전자 껍질마다 각각
띄엄띄엄 값을 가진다.

그런데 원자가 많이 모여서 결정을 이루면 각각의 원자끼리
서로 작용하기 때문에 전자의 에너지는 조금씩 변하여 많은 에너
지준위가 빽빽하게 모여서 띠와 같이 폭이 있는 에너지준위가
형성된다. 이와 같은 에너지준위의 집합을 에너지대라고 부른다.

1개의 원자에 대한 에너지준위가 몇 단계를 가지고 있듯이 다수

의 원자에 대한 에너지대도 역시 몇 단계를 가지고 있다. 그리고
자유전자가 돌아다니고 있을 때의 에너지대는 전도대(轉導帶)
라고 불리며, 가전자에 의한 에너지대는 가전자대(價電子帶)라고
불린다. 에너지대와 에너지대 사이에 어느 전자나 그 값을 갖지
않는 에너지의 범위가 있을 때에는 이것을 금제대(禁制帶)라고
하며, 전자의 껍질마다 에너지대와 금제대가 교대로 겹쳐지고
있다.

그리고 전자는 낮은 에너지준위로 떨어지려고 하는 경향이
있기 때문에 가전자대 속에서도 전자는 낮은 에너지준위부터
메워져 간다. 전자가 가득 채워져 있는 에너지준위와 전연 들어맞
지 않은 에너지준위와의 경계값을 페르미에너지라고 한다.

금속의 경우, 그림과 같이 이 페르미에너지가 에너지대 속에
있다. 금속에 전압을 가해서 결정 속에 전계(電界)를 만들면 전도
대의 자유전자는 그 에너지를 얻어서 전계의 방향과 반대방향으
로 움직이기 시작한다. 다음에 가전자대의 가장 바깥쪽 에너지준
위에 있는 전자, 즉 페르미에너지값에 가까운 전자가 보다 높은

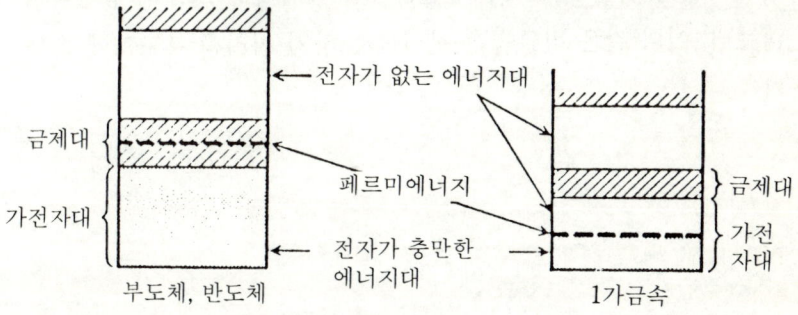

에너지대와 페르미 에너지와의 관계

176

에너지를 가지게 되어 자유전자가 되어 전도대로 이동한다. 그러면 다음 준위의 가전자가 그 빠져나간 다음의 준위로 이동한다고 하는 식으로 차례차례 전자가 바깥쪽 에너지준위로 이동하여 마침내는 모든 가전자가 자유전자가 되어 전계와 반대방향을 따라서 움직이기 시작하게 된다. 전류가 흐른다고 하는 일은 이런 의미로서 이 때문에 금속은 전기를 잘 통하는 도체(導體)에 속하는 것이다.

다른 한편 많은 비금속의 원자는 모여서 결정을 이루면 서로 가전자를 끌어당겨서 원자상호가 공유한다. 전자의 껍질마다 에너지대가 형성되고, 그 사이에는 금제대가 존재하여 가전자가 각각의 에너지준위로부터 빠져나가 활발하게 움직이는 것과 같은 일은 없다.

가장 바깥쪽의 에너지대라도 그곳에는 가전자가 가득 채워져 있고, 안정되어 있다. 즉, 페르미에너지는 그 가전자대와 전자가 들어 있지 않은 에너지대에 끼여 있는 금제대 속에 있다. 이것이 금속과 부도체와의 큰 차이다. 그러므로 전압을 가해도 전자의 운동에너지가 조금 증가할 뿐, 전자의 전체적인 흐름은 형성되지 않는다. 이와 같은 비금속은 전기를 통하기 어려운 부도체에 속한다.

반도체

　도체(導體)와 부도체(不導體) 중간의 전기적(電氣的) 성질을 나타내는 물질이 반도체다. 반도체에는 금속과 비금속의 중간적 성질을 나타내는 원소의 단체나 중간에 가까운 금속과 비금속의 화합물이 많다. 전기의 수월한 흐름 내지는 어려움을 나타내는 저항률에 있어서는 반도체의 경우 당연히 도체와 부도체의 중간값을 나타낸다. 표와 같다.

　반도체에서도 가전자(→173페이지)가 어떤 에너지대(→174페이지)에 모여 있는 점은 부도체(→176페이지)의 경우와 마찬가지지만, 단 그 이웃의 금제대의 폭이 부도체에 비해서 좁다. 그러므로 반도체의 온도가 상승하면 에너지를 늘린 일부의 가전자는 비교적 좁은 금제대를 뛰어넘어서 전도대로 이동하여 자유전자(→173페이지)로 결정을 구성하고 있는 원자 사이를 움직이기 시작한다. 여기에 전압을 가하면 자유전자군(自由電子群)은 전계(電界)의 방향과 반대 방향으로 달리기 시작해서 전류가 흐른다. 반도체가 도체의 성질을 보이기 시작한 것이다.

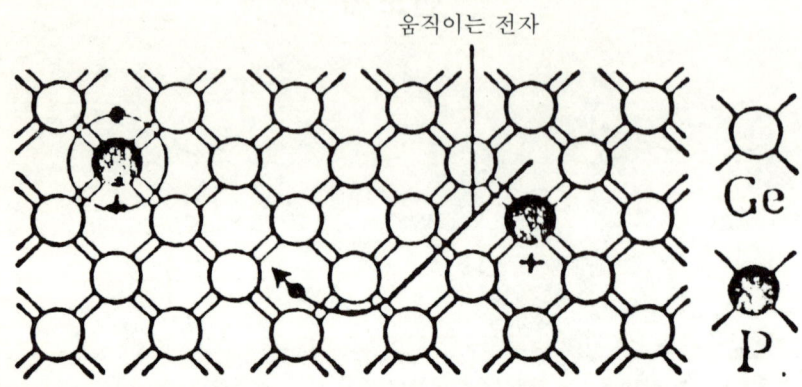

(a) n형 반도체

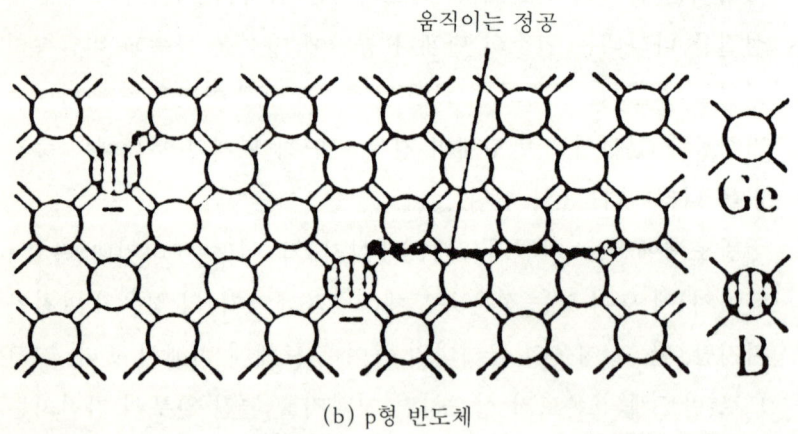

(b) p형 반도체

불순물을 포함한 반도체결정 내의 전자와 정공의 행동

다음에 반도체의 결정에 소수의 인이나 붕소 등의 원자를 가하
면 한층 도체의 성질을 보이기 수월해진다. 그 이유는 인의 원자

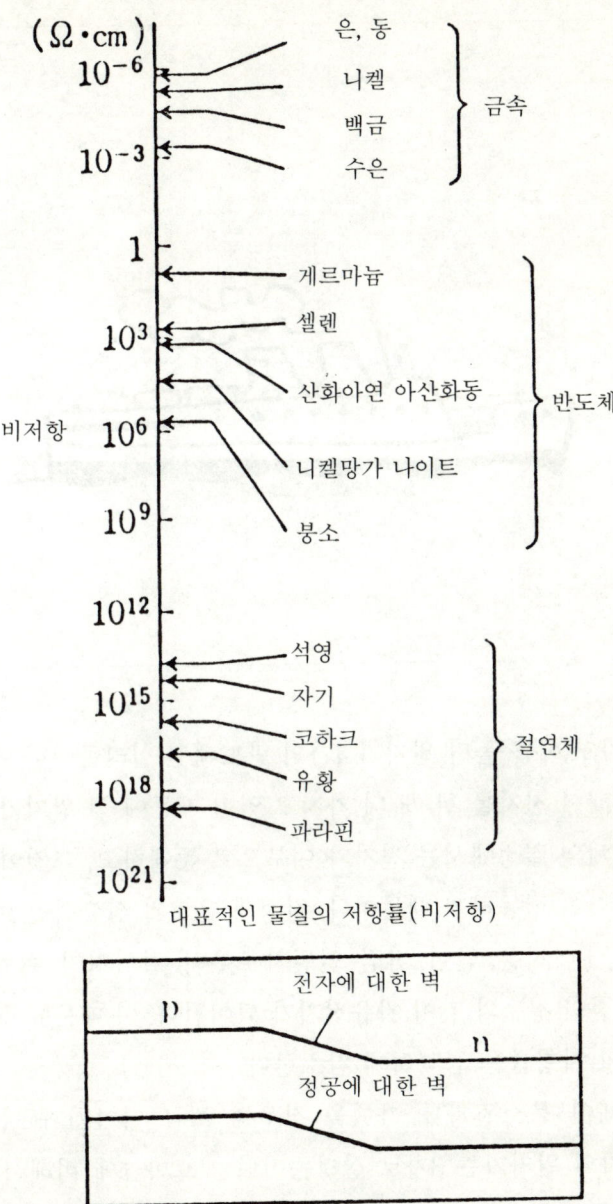

($\Omega \cdot cm$)

10^{-6} ← 은, 동
← 니켈
← 백금   금속
10^{-3} ← 수은

1 — ← 게르마늄
10^3 ← 셀렌
← 산화아연 아산화동   반도체
비저항 10^6 ← 니켈망가 나이트
10^9 ← 붕소

10^{12} —
← 석영
10^{15} ← 자기
← 코하크   절연체
10^{18} ← 유황
← 파라핀
10^{21} —

대표적인 물질의 저항률(비저항)

전자에 대한 벽

p   n

정공에 대한 벽

p-n 접합에 있어서 에너지의 벽

가는 5가로,예를 들면 원자가 4가의 반도체인 실리콘이나 게르마
늄에 비해서 전자를 한 개 더 가지고 있기 때문에 인 원자가 들어
온 반도체의 결정에서는 전자가 여분으로 존재하고, 그것이 자유
전자와 같이 행동하기 때문이다. 결정의 온도가 상승하면 여분의
전자는 에너지를 얻어 점점 인원자로부터 떨어지기 쉬워져서
금속 결정의 경우와 같이 자유전자가 되어간다. 이 때문에 실리콘
반도체의 저항률은 급격하게 감소한다.

　반도체에 붕소원자를 가했을 경우는 조금 이야기가 다르다.
붕소원자의 원자가는 3가로 실리콘이나 게르마늄에 비해서 전자
가 한 개 적다. 그러므로 이와 같은 결정에서는 전자가 부족한

장소가 여기저기에 생긴다. 이것을 정공(正孔)이라고 하는데, 이 정공이 자유전자와 마찬가지로 다만 정전기를 가진 구멍으로 결정내부를 돌아다닌다. 반도체 속의 이와 같은 자유전자나 정공의 수는 금속의 자유전자수의 1000분의 1에서 1억분의 1정도의 것이다.

이상과 같이 특정한 원소가 가해지면 전자와 정공이 각각 보다 자유롭게 돌아다니는 2개의 반도체가 만들어지는데, 전자는 n형반도체, 후자는 p형반도체라고 불린다. 그리고 결정의 작은 조각 속에 매우 얇은 층을 끼우고, 한쪽을 p형으로, 반대쪽을 n형으로 만든 반도체를 p-n접합(接合)이라고 부른다.

p-n접합에 있어서는 전자가 많은 영역과 정공이 많은 영역이 경계를 접하고 있기 때문에 양자는 서로 끌어당겨 전기적으로 중화된 것 같지만, 그렇게 되지는 않는다. 그것은 두 개의 반도체 경계면에는 전위차(電位差)가 존재하고 있기 때문이다. 즉, 이 전위차에 근거한 전계의 방향이 전자가 정공으로, 정공이 전자를 향하는 운동을 방해하고 있는 것이다.

이것을 원자의 에너지준위(⇦) 측면에서 생각해 보면 그림(178페이지)에서 볼 수 있듯 p-n접합면에는 에너지벽이 있어서 n형반도체의 전자는 p형반도체로 이동하려고 해도 이동할 수 없다. 정공에 대해서도 마찬가지로 정공도 n형반도체로 이동할 수 없다. 그러나 p-n접합면에 발생하고 있는 이와 같은 전계만이 반도체가 다이오드(⇦)나 트랜지스터(⇦)로서 혹은 태양전지(⇦)나 레이저(⇦)로서 활약하는데 실로 유효한 역할을 담당하고 있는 것이다.

그런데 반도체를 도체화(導體化)하는 인이나 붕소는 순수한 실리콘이나 게르마늄에 있어서는 불순물이라고 할 수 있는 것이다. 그 불순물의 농도가 높으면 높을수록 많은 전자나 정공이 반도체에 발생하게 되어 한층 전기가 통과하기 수월해진다. 단, 여러 가지 불순물이 다수 혼입(混入)된 것에서는 결정구조 속에 불규칙적인 부분이 생겨 모처럼 생성한 전자도 순식간에 이 부분에 충돌한다. 이와 같은 반도체에서는 전기의 통과가 어려워진다.

반도체의 전도도(電導度)를 증가시키기 위해서는 특정한 불순물 이외의 불순물은 가능한 한 배제할 필요가 있다. 그 때문에 99.9999999%라고 하는 것처럼 9의 숫자가 9개나 늘어설 정도의 순도의 실리콘이나 게르마늄이 제조되고 있다.

고온에서 녹아 있는 실리콘이나 게르마늄에 작은 순수한 결정을 접촉시켜 천천히 끌어올리면 액체는 결정화되어서 순수한 단결정의 막대기나 액체 속에서 나타나게 된다. 이 과정에서 액체 속의 얼마 안되는 불필요한 불순물은 최종적으로 배제되어 버린다.

다이오드

한쪽 방향으로만 전류를 통과시키는 작용을 정류(整流)라고 하는데, 다이오드란 그 정류작용을 하는 반도체(◁□)다. p-n접합 (→181페이지)을 이루고 있는 반도체의 양끝에 금속전극을 부착 하고, 그것을 전선에 연결하면 반도체 다이오드가 생긴다. 다이오 드의 n형쪽 전극이 플러스, p형쪽 전극이 마이너스가 되도록 전압 을 가하면 그림(a)와 같이 n형 영역의 전자는 그 플러스극으로, p형 영역의 정공(→181페이지)은 마이너스극으로 모인다. 그러므 로 두 개의 반도체 접합면(接合面)에서는 전자나 정공이나 다 얼마 안되어 그곳은 절연층(絶緣層)과 똑같아진다. 즉, 전지를 사이에 두고 양극을 연결한 회로에는 전류가 흐르지 않는다. 다이 오드와 같은 상태는 역방향이라고 한다. 이 경우, 전자나 정공의 이동을 방해하는 에너지의 벽(→181페이지)은 그림(c)와 같이 점점 높아지고 있다.

다음에 이것과 반대로 n형측 전극이 마이너스, p형측 전극이 플러스가 되도록 전압을 가하면 이번에는 n형영역의 전자는 p

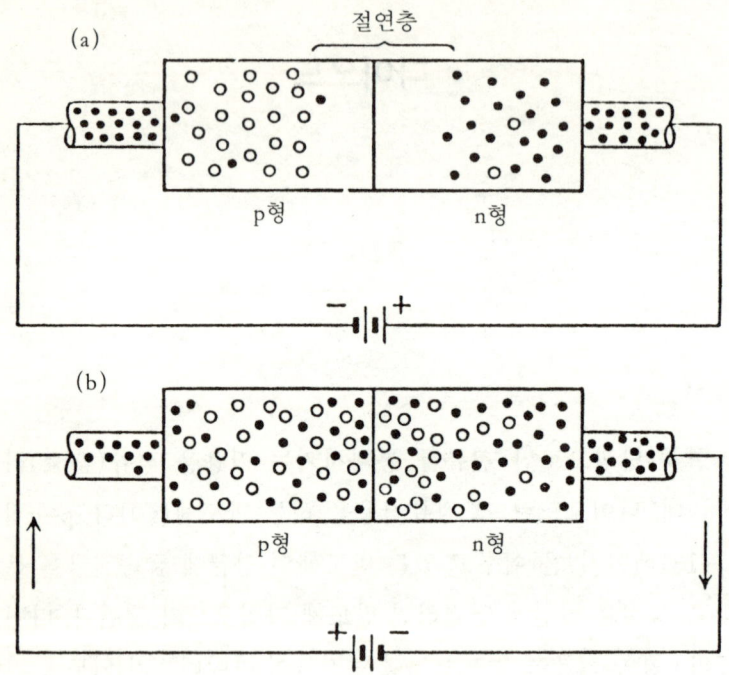

p-n 접합에 역방향으로 압력을 가했을 경우(a)와
순방향으로 압력을 가했을 경우(b)

형 영역의 플러스극으로, p형 영역의 정공은 n형 영역의 마이너스
극으로 이동해 가기 때문에, 그림(b)와 같이 양극을 연결하는
전선에 전류가 흐르기 시작한다. 다이오드의 이와 같은 상태는
순방향(順方向)이라고 한다. 이 경우는 전자나 정공에 대한 에너
지 벽은 그림(d)와 같이 낮아져서 전자도, 정공도 쉽게 그것을
뛰어넘을 수 있다.

　이렇게 해서 반도체 다이오드의 양극에 교류전압(交流電壓)
을 가했을 경우, p측 전극에 정전압(正電壓)이 가해졌을 때만

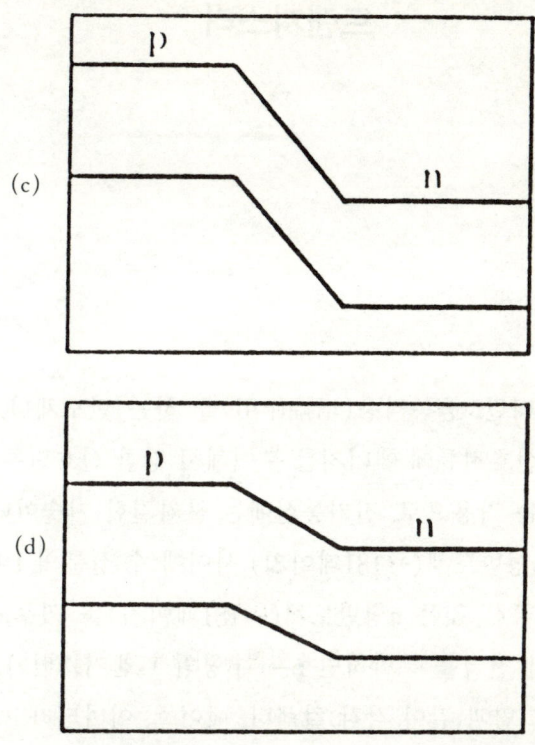

p-n 접합에 있어서 역방향(c)과 순방향(d) 때의 에너지 벽

외부회로에 전류가 흐른다는 사실을 알았다. 전류의 방향이 변할 때마다 전류가 흐르거나 정지하거나 하기 때문에 다이오드는 스위치로 작용한다.

트랜지스터

    트랜지스터란, 증폭작용(增幅作用)을 하는 반도체다. 증폭이란, 미약한 신호전류에 에너지를 부여해서 강한 신호전류(信號電流)로 바꾸는 작용으로, 전기통신에는 불가결한 기술이다.

    두 개의 p형반도체(→181페이지) 사이에 수 십분의 1미리미터라고 하는 극히 얇은 n형반도체(→181페이지)를 끼우고 그 세 부분에 각각 전극을 부착하면 p—n—p형의 트랜지스터가 생긴다. 세 전극은 그림과 같이 각각 컬렉터, 베이스, 이미터라고 불린다. 트랜지스터의 증폭작용 방법은 다음과 같다. 우선, 베이스를 마이너스, 이미터를 플러스로 해서 양극 사이에 전압을 가하면 n형영역의 전자도, p형영역의 정공도 모두 각각 프러스극, 마이너스극으로 끌려가서 이미터——베이스(EB)접합면에 모인다. 그러므로 이것은 순방향(→184페이지)으로 전류는 이미터——베이스간의 회로를 흐른다. 이것을 이미터 전류라고 부른다.

    다음에 컬렉터를 마이너스극으로 해서 컬렉터와 이미터 사이에 전압을가하면 컬렉터——베이스(CB)접합면에서는 전자도, 정공도

플러스 이미터전극, 마이너스의 컬렉터전극으로 끌려가서 이 경우
는 역방향(→132페이지)이 생긴다. 그러므로 컬렉터——이미터
간의 회로에는 전류가 흐르지 않는다.

그러나 베이스에 마이너스 전압을 가하고, 또한 컬렉터의 전위

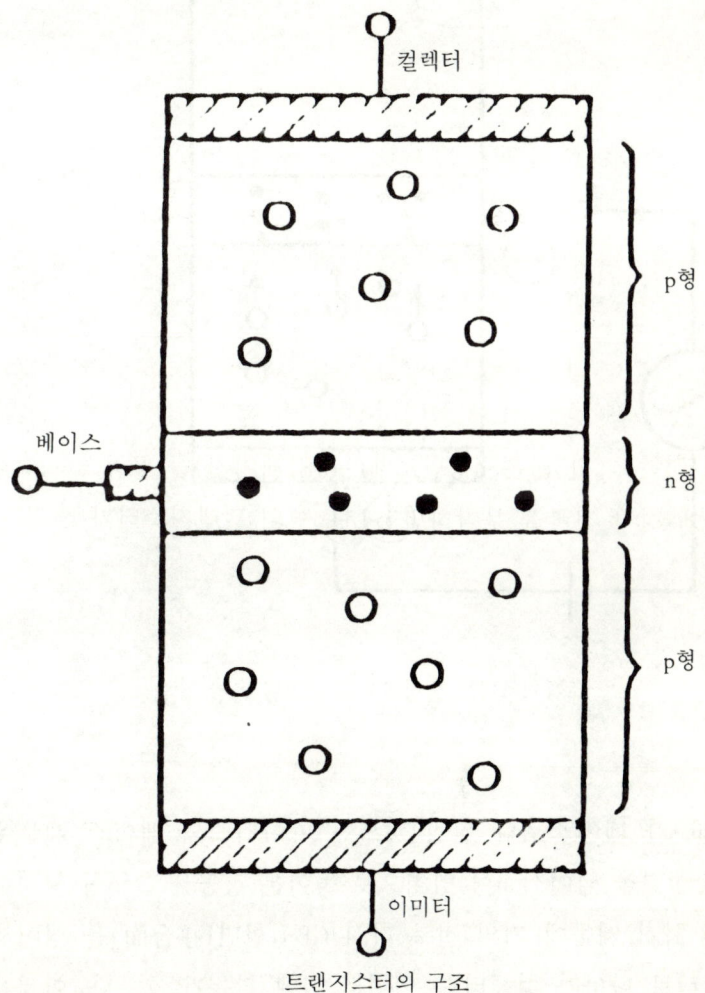

트랜지스터의 구조

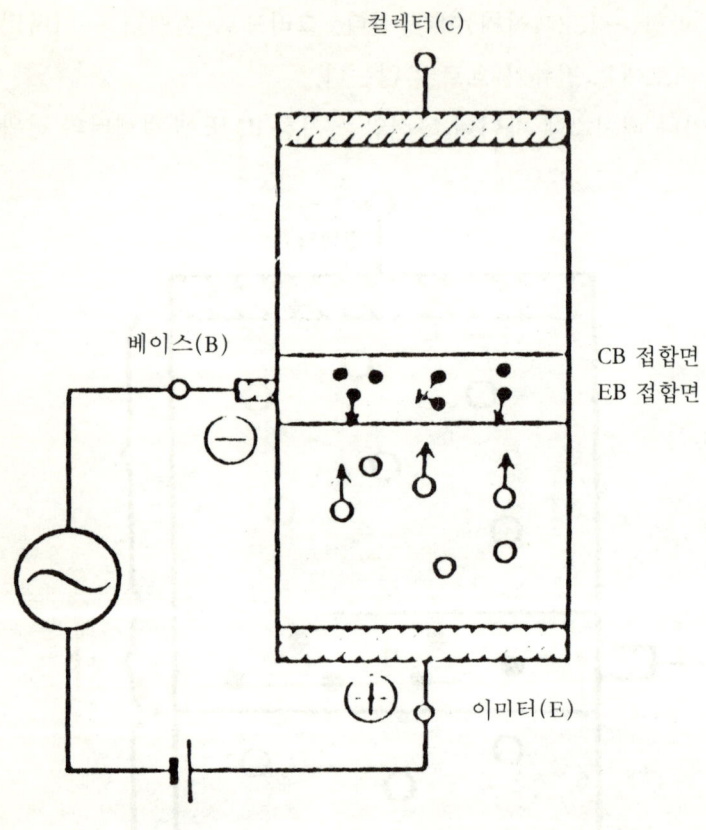

트랜지스터에 순방향으로 압력을 가한 경우

(電位)가 베이스보다 훨씬 낮으면 마이너스의 베이스 때문에
EB접합면을 넘어서 n형 영역으로 들어온 정공은 그 n형 영역이
매우 얇기 때문에 거의 전부 다시 CB접합면(接合面)을 넘어서
컬렉터로 나아가 컬렉터——이미터 간에 전류가 흐른다. 이것을

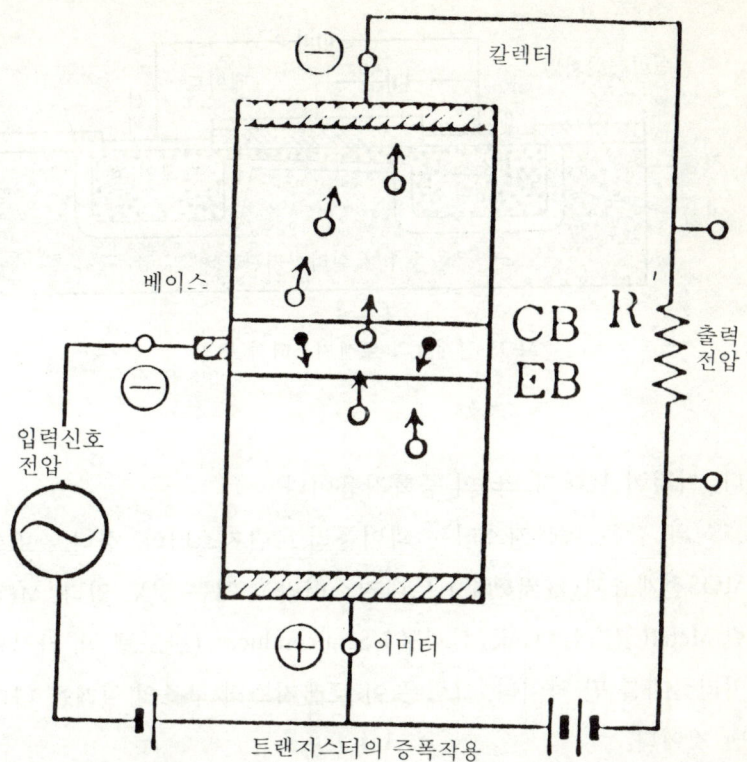

베이스

CB
EB

R

출력
전압

입력신호
전압

칼렉터

이미터

트랜지스터의 증폭작용

컬렉터 전류라고 한다.

　즉, 우선 베이스에 의해 당겨진 정공은 컬렉터로 인해 다시 강하게 당겨진다. 이렇게 해서 베이스에 약간의 마이너스전압을 가하는 것만으로도 큰 컬렉터전류가 발생하고, 또한 베이스전류의 사소한 변화가 컬렉터전류를 크게 변화시킨다. 수십 마이크로암페어(10만분의 수 암페어)의 전류변화가 수 미리암페어(1000분의 수 암페어)의 변화를 초래한다. 컬렉터와 이미터 사이에 저항 R을 끼우면 거기에 출력전압(出力電壓)을 발생시키지만, 베이스 전압을 조금 변화시키는 정도로 출력전압도 역시 크게 변화한

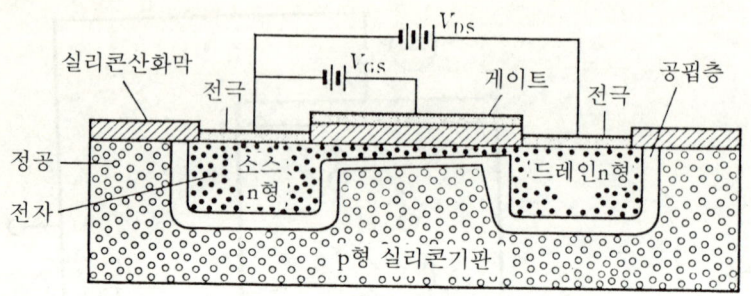

MOS 전계효과 트랜지스터의 구조

다. 이것이 트랜지스터의 증폭작용이다.

이와 같은 트랜지스터는 파이폴러 트랜지스터라 한다. 또한 MOS전계효과(電界效果) 트랜지스터라고 하는 것도 있다. MOS 란 Metal(금속), Oxide(산화물), Semiconductor(반도체)의 각각의 머리글자를 딴 약어다. 그림은 이 트랜지스터 구조의 일례를 나타낸 것이다.

p형 반도체 속의 파이폴러 트랜지스터에서는 이미터에 해당하는 n형 반도체 소스가 만들어지고, 또한 컬렉터에 해당하는 역시 n형 반도체의 드레인이 만들어지고 있다. 베이스전극에 해당하는 것은 게이트인데, 소스와 드레인은 p형반도체에 의해 절연되어 있기 때문에 양자 사이에는 전류의 흐름새는 없다.

그러나 게이트에 정전압(正電壓)을 가하면 게이트와 반도체 사이에 전계가 발생해서 게이트 부근의 정공은 쫓겨나 버리고, 대신 그곳에 음전하가 유기(誘起)된다. 더욱 게이트전압을 높여서 드레인── 소스간에 전압을 가하면 이번에는 소스의 n형 반도체

속의 전자가 그곳으로 이끌려 나와서 드레인의 n형 반도체와의 사이에 전자의 통로가 생긴다. 이것을 n채널이라고 하는데, 이 채널로 인해 드레인——소스 전류가 흐르기 시작하게 된다. 그림은 그 상태를 나타내고 있다.

파이폴러 트랜지스터로 말하자면 채널은 베이스 전극에 접하는 반도체의 얇은 층에 해당하는데, MOS트랜지스터에서는 채널은 게이트 전압의 여하에 따라서 소멸하거나 생성하거나 하는 것이다. 그리고 게이트 전압의 사소한 변화에 따라서 드레인 전류는 크게 변화하여 증폭작용이 발생하는 것이다. MOS트랜지스터는 전자계산기(⇦)용으로 특히 널리 사용되고 있다.

IC(집적회로 ; 集積回路)

쌀알만한 크기의 트랜지스터(⇐)나 다이오드(⇐)의 출현 때문에 라디오는 아주 작아졌다. 그 때까지는 정류(整流)나 증폭을 위해서도, 볼 수 있는 전파를 포착하기 위해서도 진공관(眞空管)이 필요했다. 진공관에서는 아무리 소형화해 보아도 겨우 연필 끝 정도 크기가 한계로, 그것이 라디오의 소형화를 방해하고 있었다. 또한 진공관의 경우, 히터로 음극을 가열해서 전자를 방사(放射)시킬 필요가 있었기 때문에 전력의 소비는 격감해서 작은 건전지만으로 장시간 라디오의 소리를 들을 수 있게 되었다.

그런데 라디오의 회로를 만들기 위해서는 트랜지스터나 다이오드(이것들을 능동소자라고 한다)외에 저항이나 코일이나 콘덴서(이것들을 수동소자라고 한다)나 변압기나 스피커 등의 부품이 아무래도 필요하다. 트랜지스터라디오의 개발을 위해 이들의 소형화도 역시 진행되어 각각의 부품 규모는 놀랄 만큼 작아졌다.

그러나 더욱 한층 소형화하기 위해서는 적어도 저항이나 콘덴서를 트랜지스터와 같이 단연 소형화하지 않으면 안된다.

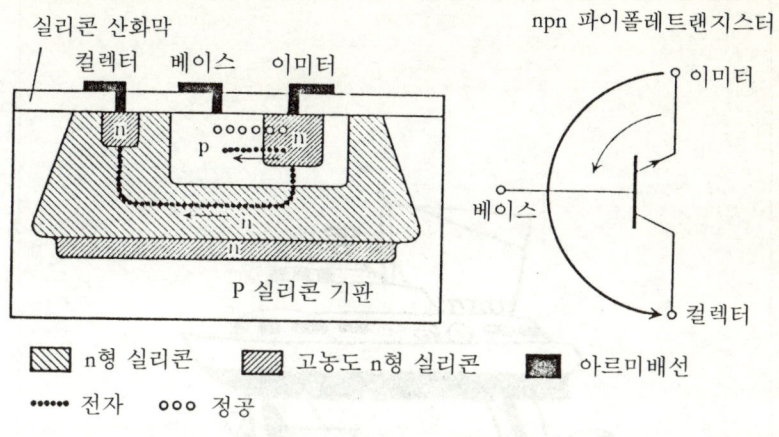

실리콘 산화막

컬렉터 베이스 이미터

P 실리콘 기판

npn 파이폴레트랜지스터

이미터

베이스

컬렉터

▨ n형 실리콘   ▨ 고농도 n형 실리콘   ▨ 아르미배선

•••••• 전자   ooo 정공

집적회로 속의 트랜지스터

　트랜지스터나 다이오드는 p형반도체(→181페이지)나 n형 반도
체(→181페이지)의 작용을 잘 조합시킨 것이지만 저항이나 콘덴
서와 같은 수동소자(受動素子)도 역시 반도체 자체의 작용을
조합해서 만들 수 있다.

　그러므로 만일 1개의 반도체 속에 각각 트랜지스터나 다이오드
나 저항이나 콘덴서로 작용하는 영역을 만들고, 또한 그것들을
서로 절연시키거나 접속시키거나 할 수 있다면 라디오의 회로는
거의 전부 이 1개의 반도체 속에 들어가 버린다. 그것을 해 낸
것이 IC(Integrated Circuit), 즉 집적회로다.

　IC에서는 게르마늄이 아닌 99.9999999 % 순도의 실리콘이 사용
된다. 실리콘을 산소나 수증기 속에서 가열하면 표면에 매우 얇은
산화막(酸化膜)이 생긴다. 이 산화막이 IC의 표면을 보호할 뿐만
아니라 절연에 있어서도 도움이 되는 것이다.

　실리콘 속의 소자(素子)와 소자를 접속시키려면 그들 표면을
우선 한결같이 산화막으로 덮고, 다음에 접속에 필요한 부분만
용해시켜서 거기에 전기를 잘 통하는 금속의 고온 증기를 쐬고,
다음에 냉각시키면 금속이 굳어져서 보통의 회로 전선의 역할을
하게 된다. 다른 한편, 증착금속(蒸着金屬)과 소자 사이에 끼여
쌍방의 접촉을 방해하고 있는 산화막은 종래의 소자상호 간의
공기나 절연피복재(絶緣被覆材)에 해당한다.
　실리콘 속에 서로 이웃해 있는 소자를 서로 절연시키기 위해
서는 소자의 상호관계를 p-n접합(→181페이지)으로 가지고 가서
전류에 대해서 역방향(→183페이지)이 되도록 하면 된다. 그렇게

하면 한편의 소자에서 다른 쪽의 소자로 전류가 합선될 경우는 없다. 이와 같이 해서 실리콘 반도체 속에 구성된 회로가 IC다.

1개의 IC의 크기는 보통 한변이 수 미리미터 정도의 작은 조각(칩)이다. 이와 같은 IC의 기판을 이루는 실리콘은 직경 10센티 정도의 크기의 결정으로 만들어진다. 그것을 0.5미리 정도의 얇기로 절단한 것은 웨버라고 불리며, 이 웨버로부터 몇 백이라고 하는 같은 IC를 동시에 제조하는 것이다.

1개의 IC 속에 각종의 소자를 배치한 회로 도면(回路圖面)은 소자수가 몇 천 개라면 작은 방 바닥 정도의 크기가 되어 버린다. 그것을 기초로 해서 몇 장의 도면을 만들어 각각 사진 건판 위에 찍어 놓고, 다시 실리콘웨버 위에 축사한다. 그 도면에 따라서 트랜지스터나 다이오드나 콘덴서나 저항 등이 각각 1변 수미리의 칩 속에 만들어지는 것이다.

1개의 칩에 100개까지 이 소자가 조립된 것은 SSI, 100개부터 1000개 사이의 것이 MSI, 1000개 이상의 소자가 있으면 LSI(대규모 집적회로)라고 일반적으로 불리고 있다. 이만큼 많은 소자가 수 미리 각의 칩안에 끼워 넣어져 있기 때문에 각각의 소자구조는 미크론(1000분의 1미리미터 내지는 100만분의 1미터)단위로 측정된다. 산화막이라고 해도 그 두께는 0.1미크론의 얘기다. 집적회로는 라디오나 전자계산기나 컴퓨터를 비약적으로 소형화했을 뿐만 아니라 그 가격을 대폭 저하시키고 신뢰성도 증대시켰다. 칩 위의 소자의 집적밀도(集積密度)가 1자릿수 증가하면 가격은 1자릿수 저하된다. 개개의 소자의 리드선이 훨씬 감소하면 리드선의 접촉 불량으로 인한 고장은 격감하는 것이다.

초LSI

초LSI는 그 이름대로 LSI(→195페이지)의 소자 집적밀도를
더욱 비약적으로 끌어올린 것이다. 초LSI가 어째서 필요한가 하면
우선은 컴퓨터(⇦)의 동작시간을 앞당기기 때문이다. 컴퓨터의
소자에는 게이트(→203페이지)라고 하는 것이 있지만, 전자가
1개의 게이트를 통과하는 시간은 IC(⇦)의 경우, 2억분의 1초에서
3억분의 1초에 불과하며 매우 짧다. 그러나 복잡하고 대규모적인
계산을 하기 위해서는 아직 너무 느린 것이다.

그런데 IC동작시간의 80%는 전자가 IC내부의 배선이나 IC상호
간의 배선을 통과하는데 사용되고 있기 때문에 이 배선을 당연히
축소할 필요가 있다. 그러기 위해서는 소자의 집적밀도를 한층
더 높이지 않으면 안되고, 초LSI가 요구되지 않을 수 없는 것이
다. 초LSI를 만드는 것은 쉽지 않다. 그것은 종래의 IC제조법으로
이만큼 고집적밀도를 실현하기란 곤란하기 때문이다.

IC를 만들 때에는 실리콘웨버 위의 각 지정위치(指定位置)에
특정한 깊이로 인이나 붕소원자를 확산시켜서 각각 트랜지스터나

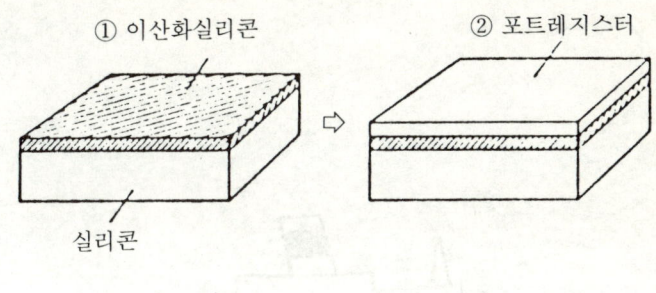

① 이산화실리콘   ② 포트레지스터

실리콘

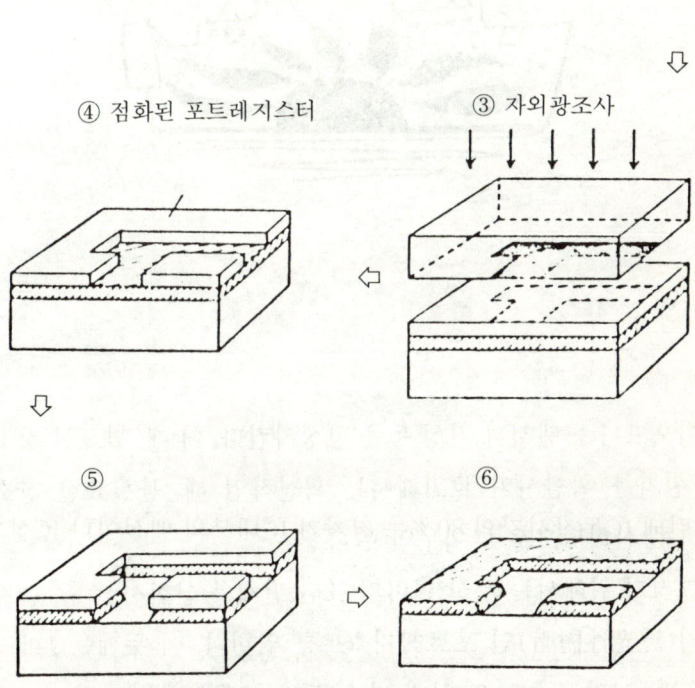

④ 점화된 포트레지스터   ③ 자외광조사

⑤   ⑥

① 실리콘결정의 표면에 산화막을 만든다.
② 그 위에 포트레지스터를 칠한다.
③ 마스크를 통해서 자외선을 쏘인다.
④ 빛이 닿지 않은 포트레지스터의 부분을 녹인다.
⑤ 다시 이산화실리콘막을 벗긴다.
⑥ 포트레지스터를 벗긴다.

다이오드나 콘덴서나 저항 등을 형성시킨다. 이 때, 필요한 장소에
만 원자를 확산시키기 위해서는 확산작업 때 불필요한 장소를
실리콘 산화막으로 덮어두면 된다.

그러기 위해서는 우선 웨버의 표면 전체를 산화시킨 후, 감광성
수지(感光性樹脂)인 포트레지스트를 입힌다. 이 두께는 1미크론
정도다. 그리고 회로의 사진 마스크를 통해서 빛을 쪼인 후, 빛이
닿지 않은 포트레지스트 부분을 용제(溶劑)로 녹여버린다. 빛이
닿은 부분은 녹지 않기 때문에 웨버의 산화막 표면에는 회로의
도면을 따라서 포트레지스트막이 겹쳐져서 만들어지게 된다.

다음에 그 실리콘웨버를 불산을 포함한 용액 속에 담그고, 포트레지스트로 보호되어 있지 않은 산화막도 녹여 버린다. 이 작업은 에칭이라고 하는데, 에칭된 부분만 실리콘 그 자체가 노출되게 된다.

그와 같은 웨버를 붕소나 인을 포함한 분위기(雰圍氣) 속에서 가열하면 회로 도면대로 필요한 위치와 깊이로 그들의 원자가 확산된다. 이렇게 해서 실리콘웨버의 각 부분에 미크론 단위의 규모로 각 소자가 배치되게 된다.

그런데 초LSI 만큼 소자의 집적밀도가 높아지면 여러 가지 어려운 문제가 발생한다. 사진의 마스크를 사용해서 포트레지스트에 회로도면을 찍어낼 때, 마스크선의 가장자리에서 빛의 회절현상(回折現象)이 발생해서 그곳에 빛의 번짐이 생겨 이 때문에 찍어낸 선의 폭이 마스크 선의 폭보다 넓어져 버린다. 이 퍼짐은 거의 빛의 파장 정도이기 때문에 자외선을 사용해도 0.3미크론정도다.

이와 같은 번짐 때문에 빛과 그림자의 경계가 조금 불명확해져서 포트레지스트의 녹은 부분과 녹지 않고 남은 부분의 경계를 빈틈없이 딱 설계할 수 없게 된다. LSI의 경우는 이 정도의 번짐은 그 성능에 그다지 영향을 주지 않지만, 초LSI의 경우는 소자와 소자의 간격이 1미크론에서 2미크론이라고 하는 것처럼 매우 좁기 때문에 그런 상태로는 그 작용이 불안정해져 버린다.

또한 마스크를 웨버 위에 겹쳐서 빛을 쬘 때에는 마스크는 엄밀하게 정확한 위치에 두지 않으면 안된다. 그렇지 않으면 이미터와 컬렉터가 쇼트하거나 결선이 끊어지거나 해서 결국 초LSI전체가 쓸모가 없게 되어 버린다. 종래의 LSI 경우는 마스크의 위치가 1미크론 정도 벗어나도 지장은 없었지만 초LSI에는 그 정도의 마스크 겨누기 기술로는 설계 목표를 달성할 수 없다.

　이런 이유로 포트레지스트에 인화하는 빛을 자외선이 아닌 좀 더 파장이 짧은 X선으로 바꾸는 방식이 생각되고 다른 한편으로는 매우 정밀도가 높은 마스크를 만드는데 전자빔이 사용되기에 이르고 있다.

　현재의 단계에서 칩 위의 트랜지스터 등의 소자 집적밀도는 거의 15만개에 달하고 있다. 64킬로비트의 기억 용량 마이크로프로세서(→219페이지)가 여기에 해당한다. 다음에 256킬로비트의 초LSI가 개발되고 있는데, 이 경우는 소자의 집적밀도가 거의 60만개가 될 것이다. 그렇게 되면 예전의 작은 방만 했던 대형 컴퓨터가 책상 위에 올려 놓을 수 있을 만큼 작아져 버릴 것은 틀림 없다.

컴퓨터와 전자식 탁상용 계산기

　컴퓨터도 전자 탁상 계산기도 그 계산의 기본은 완전히 똑같다. 모두 우리들이 일상에서 계산하고 있는 10진법이 아닌 2진법을 사용하고 있다. 10진법이라면 0부터 9까지의 숫자가 있지만, 2진법에서는 0와 1 숫자밖에 없다. 그렇지만 충분히 덧셈을 할 수 있고 뺄셈, 곱셈, 나눗셈도 10진법과 마찬가지로, 조금 잔손질이 가는 덧셈으로 할 수 있다.

　2진법에서 1은 1이지만, 2는 10, 3은 11, 4는 100이 된다. 1부터 8까지의 2진법과 10진법의 숫자를 대조하면 표1과 같이 된다. 덧셈은 표2와 같은 식이다.

　10진법에 비해서 2진법의 경우는 무턱대고 숫자의 수가 많다. 16은 10000, 32는 100000, 64는 1000000으로 표기하게 되어버린다. 이것을 손으로 계산할 경우는 1이나 0이 몇 개 늘어서 있는지 언뜻 봐서는 도저히 분간할 수 없게 된다. 그러나 2진법은 컴퓨터나 전자식 탁상 계산기에 있어서는 실로 안성마춤인 계산법이다. 그림과 같이 전자회로의 스위치 ON, OFF, 바꿔 말하자면

표1.	
10진법	2진법
1	0001
2	0010
3	0011
4	0100
5	0101
6	0110
7	0111
8	1000

표2. 10진법과 2진법 계산

$$\begin{array}{r} 4 \\ + 1 \\ \hline 5 \end{array} \qquad \begin{array}{r} 100 \\ + \quad 1 \\ \hline 101 \end{array}$$

$$\begin{array}{r} 3 \\ + 3 \\ \hline 6 \end{array} \qquad \begin{array}{r} 11 \\ + 11 \\ \hline 110 \end{array}$$

1　　1　　0　　1

1과 0을 나타내는 펄스신호파

펄스신호파의 유무(有無)로 1과 0을 표시할 수 있기 때문이다. 이렇게 되면 컴퓨터나 전자식 탁상 계산기는 덧셈을 쉽게 할 수 있다. 단, 그 덧셈은 불대수라고 하는 수학을 사용하는 것이다.

　두 가지 조건이 있고, 그 양자가 모두 옳으면 답은 옳지만, 그렇지 않으면 틀린다고 하는 논리를 논리적(論理積)이라고 한다. 그 경우, 조건이 갖춰져 있으면 1, 그렇지 않으면 0이라고 하면 표3(203페이지)과 같은 진리표가 생긴다. 표에서 볼 수 있듯이 4개의 1과 0의 조합 속에서 최상단(最上段)의 경우만 답은 옳다.

　다음에 두 가지 조건 중 어느 쪽인지 한 쪽이 갖추어져만 있으면 정답, 그렇지 않을 때만 오답이라고 하는 논리는 논리화(論理和)라고 한다. 이것도 마찬가지로 진리표로 만들어 보면 표4(203페이지)와 같이 된다. 4개의 1과 0의 조합 중 최하단(最下段)

표3. 논리적 진리표

명제A	명제B	답
1	1	1
1	0	0
0	1	0
0	0	0

표4. 논리화의 진리표

명제A	명제B	답
1	1	1
1	0	1
0	1	1
0	0	0

만이 오답이고, 다른 것은 모두 정답이다.

다음에 어느 하나의 조건이라면 답은 틀리고, 그것과는 반대의 또 하나의 조건이라면 답은 옳다고 하는 경우도 있다. 표5는 그것을 나타내고 있다. 이것은 부정(不定)의 진리표다.

이것들은 불대수의 가장 초보적인 논리인데, 이것이 전자회로로 하는 계산에 딱 들어맞는다. 컴퓨터나 전자식 탁상 계산기의 기본적인 회로의 하나는 게이트이지만, 그 게이트에는 논리적을 사용한 그림과 같은 AND회로, 논리화를 사용한 OR회로, 부정을 사용한 NOT회로 세 가지가 있다.

그런데 이들 게이트를 조합한 전자회로는 멋지게 2진법의 덧셈을 해치운다. 10진법에서의 1+0=1은 2진법에서도 1+0=1이지만, 전자회로는 그것을 다음의 그림(1)과 같이 계산하는 것이다. 이 그림 속에서 A,B는 두 가지 조건, S는 답, C는 하나 위의 자릿

표5. 부정의 진리표

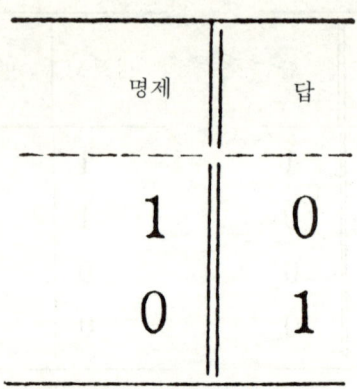

명제	답
1	0
0	1

수를 나타내고 있다. 보시는 대로 1+0=1이 되고 있다.

또한, 10진법에서 1+1=2는 2진법에서는 1+1=10이 되어 자릿수가 하나 높아졌지만, 이 경우는 그림(2)와 같이 된다. 보시는 대로 1+1=10이 되고 있다.

이와 같은 논리회로는 반가산기(半加算器)라고 불리는데, 숫자가 이 이상 커지면 반가산기를 조합한 전가산기(全加算器)의 회로를 만들어서 계산한다. X의 단자로부터 0011(3)의 신호가, Y의 단자로부터는 0110(6)의 신호가 아래 자릿수부터 차례차례 보내졌다면 Z의 단자에 역시 아래 자릿수부터 1001(9)의 전기신호가 나오는 것이다. AND회로든, OR회로든 요컨대 간단한 스위치회로이기 때문에 모두 2개의 다이오드(⇦)와 2개의 저항으로 구성되어 있다. NOT회로에서는 1개의 트랜지스터(⇦)와 1개의 저항을 사용해서 베이스(→186페이지)전류가 0이라면 출력전압은

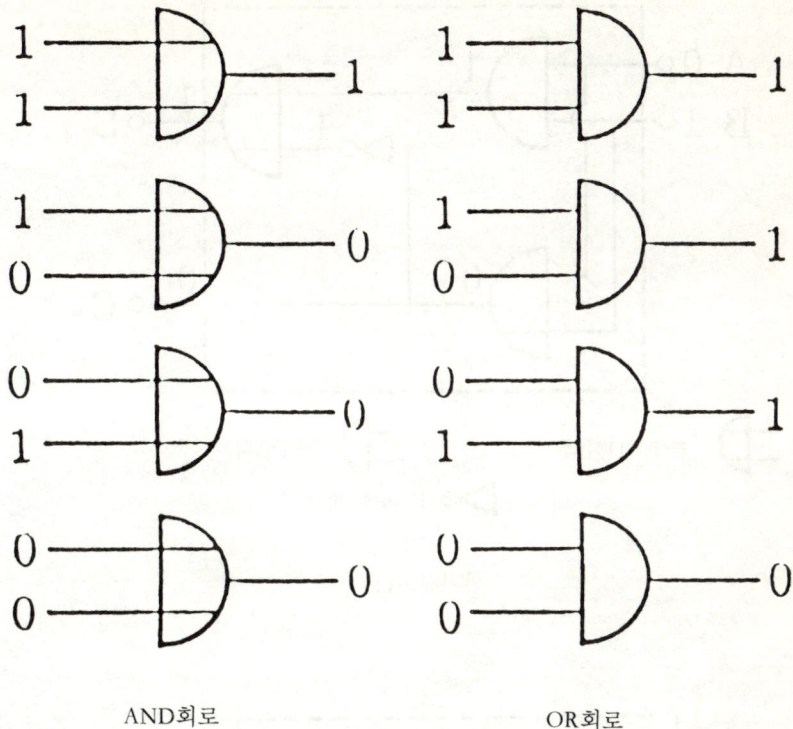

AND회로   OR회로

전원전압 그대로, 반대로 베이스전류가 충분히 흐르면 출력전압은 거의 0이 된다고 하는 회로가 만들어지고 있다. 즉, 0의 신호전류 (信號電流)라면 1의 출력전압, 1의 신호전류라면 0의 출력전압이 발생하는 것이다.

그런데 컴퓨터나 전자식 탁상 계산기나 5숫자의 키를 누르면 내부의 회로가 이것을 101의 전기신호로 바꾸어 버린다. 즉, 표시면에 5숫자가 나타났을 때에는 내부의 회로에서는 101의 신호가 레지스터라고 하는 메모리(기억회로)에 입력되고 있는 것이다.

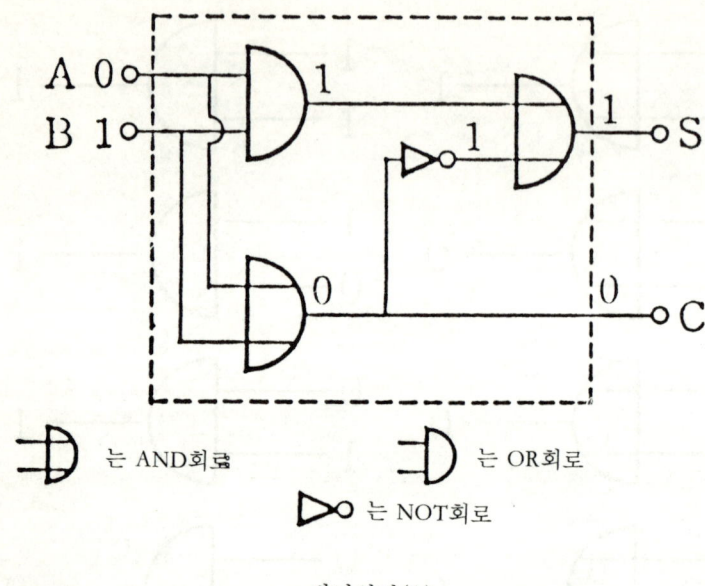

는 AND회로　　　　는 OR회로

는 NOT회로

반가산기(1)

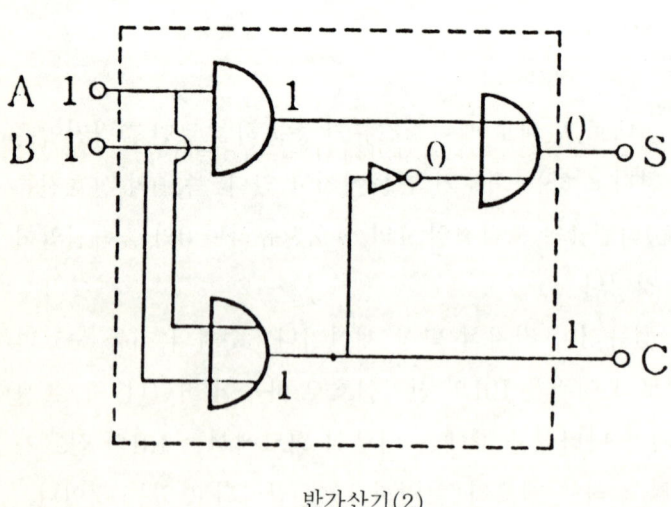

반가산기(2)

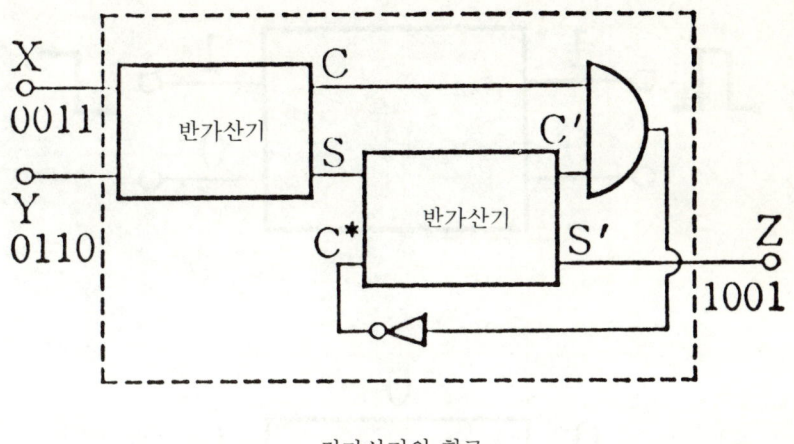

전가산기의 회로

+(플러스) 기호의 키를 누르면 +의 전기신호(예를 들면 0
(01010)가 다른 레지스터로 들어간다. 이 때 컴퓨터에는 +기호가
표시면에 나오지만 전자식 탁상 계산기에는 그것이 나오지 않는
다. 계속해서 2의 키를 누르면 10의 전기신호가 또 하나의 레지스
터로 들어간다.

마지막으로 전자식 탁상 계산기에서는 =(이퀄), 컴퓨터에서는
예를 들어 ENTER이라고 하는 기호의 키를 누르면 101과 10,
두 가지 신호는 적절한 타이밍으로 적절한 회로를 만들어서 가산
기로 들어간다. 그곳에서 111(7)이라고 하는 신호로 바뀌어 다시
다른 레지스터로 들어간다. 동시에 표시면에는 7이라고 하는 숫자
가 나타나는 것이다. 레지스터의 회로는 가산기와는 달라서 스위
치의 ON, OFF가 아닌 전위(電位)의 고저(高低)로 1과 0을 표시
하고 있다. 1과 0의 전기신호는 클록신호라고 해서 내부의 수정발

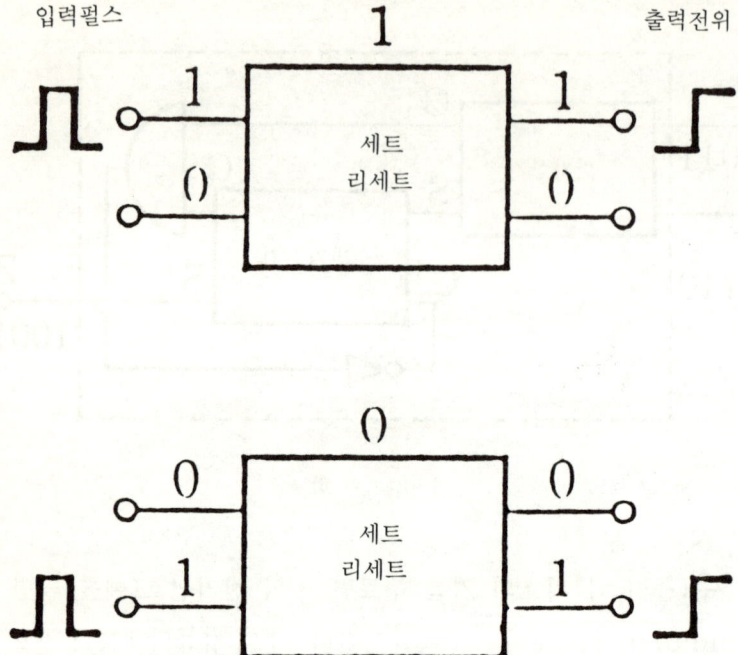

입력펄스   출력전위

플립플롭에서 펄스파가 전위를 바꾼다.

진자(水晶發振子 ; 쿼츠시계의 시계가 째깍째깍하는 장치와 같다)로부터 펄스파 형태로 보내져 온다. 그것이 레지스터를 구성하고 있는 플립플롭이라고 하는 회로로 들어가면 전위의 고저로 변환되는 것이다.

게이트에서는 신호는 정지해 있지 않다. 펄스파 동작시간의 200만분의 1초(500나노초)에서 50만분의 1초(2000나노초)로 통과해 간다. 그러나 플립플롭회로의 경우는 펄스파가 전위로 변하기 때문에 외부의 회로로부터 새롭게 신호가 보내져 오지

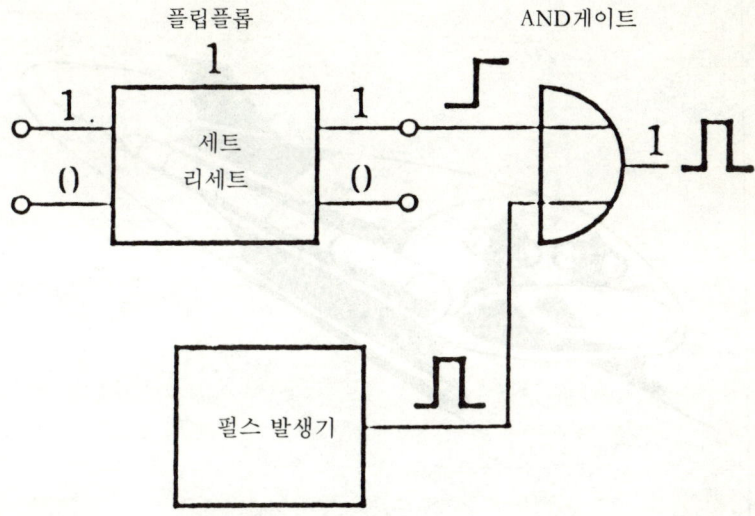

플립플롭에서 전위가 펄스파로 변한다.

않는 한, 언제까지나 1과 0의 긴 나열신호를 도맡고 있다. 즉, 레지
스터는 메모리(기억회로)인 것이다.

　그런데 플립플롭은 고전위(高電位)라면 1, 저전위(低電位)라면
0이라고 하는 것이 아니다. 플립플롭의 단자는 입력, 출력 모두
2개씩 있는데 그림에서 보듯이 윗쪽이 세트, 아래쪽이 리세트라고
불린다. 그리고 세트가 고전위라면 리세트는 반드시 저전위, 리세
트가 고전위라면 세트는 반드시 저전위가 된다고 하는 장치로
되어 있다. 양자 모두 모여서 ON이든 OFF든 되지 않는 점에서
그것은 벽스위치와 비슷하다. 2개의 트랜지스터(◁)와 2개의 다이
오드(◁)로 구성된 회로가 이와 같은 장치를 만들고 있다. 그리고

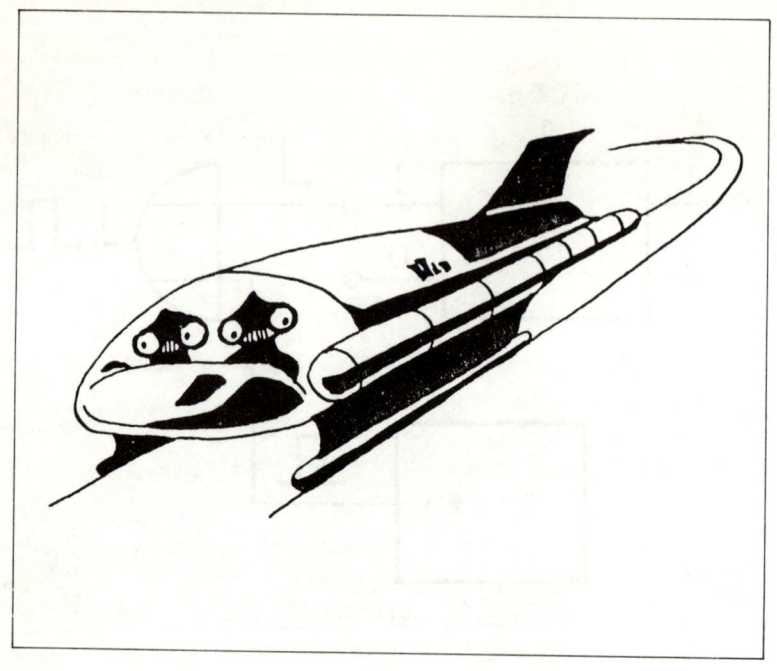

만일 왼쪽 그림과 같이 펄스파가 세트로 들어가 주면 세트는 고전
위가 되고 플립 · 플롭은 1을 기억한다. 반대로 펄스파가 리세트로
들어가 주면 리세트가 고전위가 되고 이 때 플립플롭은 0을 기억
하는 것이다. 이와 같은 플립플롭이 만일 8개 연결되어 있으면
그곳에 8비트의 정보가 기억된다. 다음에 그 정보를 가산기 등으
로 보낼 때에는 반대로 전위를 펄스파로 변환하지 않으면 안된
다. 그 때에는 AND게이트와 플립플롭을 조합한 회로가 활약하는
것이다.

　앞의 그림과 같이 세트가 고전위이기 때문에 AND게이트의
한쪽 단자는 1의 상태에 있다. 그곳으로 또 하나 1의 신호전류

(펄스파)가 보내져 오기 때문에 이 게이트로부터는 1의 신호가
나온다. 반대로 만일 플립플롭이 0을 기억하고 있는 상태에서
리세트가 고전위라면 그림을 보면 알 수 있듯이 그 단자는 AND
게이트와 접속되어 있지 않고, 한편 앞에서는 1이었던 게이트의
단자는 0 그대로 있다. 이렇게 해서 펄스파가 게이트의 단자로
들어와도 그곳으로부터는 0의 신호밖에 나오지 않는다.

즉, 플립플롭이 1의 상태라면 그곳에 펄스파를 보내면 1의 신호
가 튀어 나오고, 0의 상태라면 0의 신호가 튀어나온다. 이렇게
해서 전위는 펄스파로 변환되고 레지스터에 정지해 있던 전기신
호는 다시 고속으로 달리기 시작하는 것이다. 플립플롭과 AND
게이트로 구성되어 있는 회로가 레지스터의 기본단위다.

5+2=7의 경우, 이 5가지의 정보는 각각 이와 같은 레지스터에
저장되고 또 튀어나와서 2진법의 계산을 해내는 것이다. 펄스파가
게이트를 빠져나가면서 덧셈을 중복해 가는 것은 우리들이 머리
속에서 계산을 하는 것과 마찬가지다. 머리 속의 계산을 우리들은
종이 위에 써가지만 레지스터에 정보를 저장한다고 하는 것은
종이 위에 그 숫자나 기호를 쓰는 것과 마찬가지다. 게이트와
플립플롭은 컴퓨터나 전자식 탁상 계산기를 구성하는 가장 기본
적인 소자다.

마이크로 컴퓨터

컴퓨터와 많은 전자식 탁상 계산기가 다른 점은 컴퓨터에는 프로그램을 짜 넣을 수 있다고 하는 것이다. 프로그램이란 예를 들어 복잡한 미분방정식(微分方程式)에 대해서조차도 기본적으로는 AND, OR, NOT와 같은 논리회로나 플립플롭과 같은 기억회로를 기초로 해서 어떻게 풀어갈까 하는 절차다.

결국은 어떤 고급 방정식이라도 2진법의 산술계산——그것도 요컨대 덧셈 한 가지 수만으로 풀어 버리는데, 만일 이것을 종이 위에서 해결하려고 하면 팽대한 절차 때문에 아마 몇 년이나 걸릴 것이다. 2의 제곱근을 구하는 것도 역시 이것을 산술로 해결해 가려고 하면 10진법이라도, 또한 겨우 답을 1.41정도로 그친다고 해도 산술식(算術式)을 20개정도는 늘어놓지 않으면 안된다. 하물며 2진법의 산술로 풀려고 하면 더욱 많은 잔손이 가게 된다.

그러나 마이크로컴퓨터로 가산되는 속도는 1비트당 수 만분의 1초에서 수십 만분의 1초이기 때문에 아무리 팽대한 산술계산이

라도 눈 깜짝할 사이에 실행해 버린다. 그러나 그 절차를 만일
그대로 종이 위의 프로그램으로 표시하게 되면 이 또한 마찬가지
로 팽대해져서 프로그램을 만드는 데만도 몇 년이나 걸릴 것이
다. 그래서 예를 들어 5+2의 명령에 대해서만, 컴퓨터의 내부에는
많은 회로가 구성되어 있는 것처럼 문자나 숫자나 부호로 표시되
는 명령에 대해서 컴퓨터 속에 각각에 대응하는 회로를 미리 계산
해 두는 것이다. 반대로 말하자면, 0과 1의 긴긴 줄로 표기되어
있는 계산절차를 그 몇 개의 단위마다 종이 위의 문자나 숫자나
부호로 표시하는 것이다.

　　컴퓨터 속에는 메모리용의 레지스터가 몇 천개나 있고, 계산이

프로그램의 일례

10	FOR A=O TO 90 STEP 5
200	B=SINA
300	PRINT "SIN" ; A ; "=凵" ; B
400	NEXT A
500	END

(O이란 숫자의 0이다)

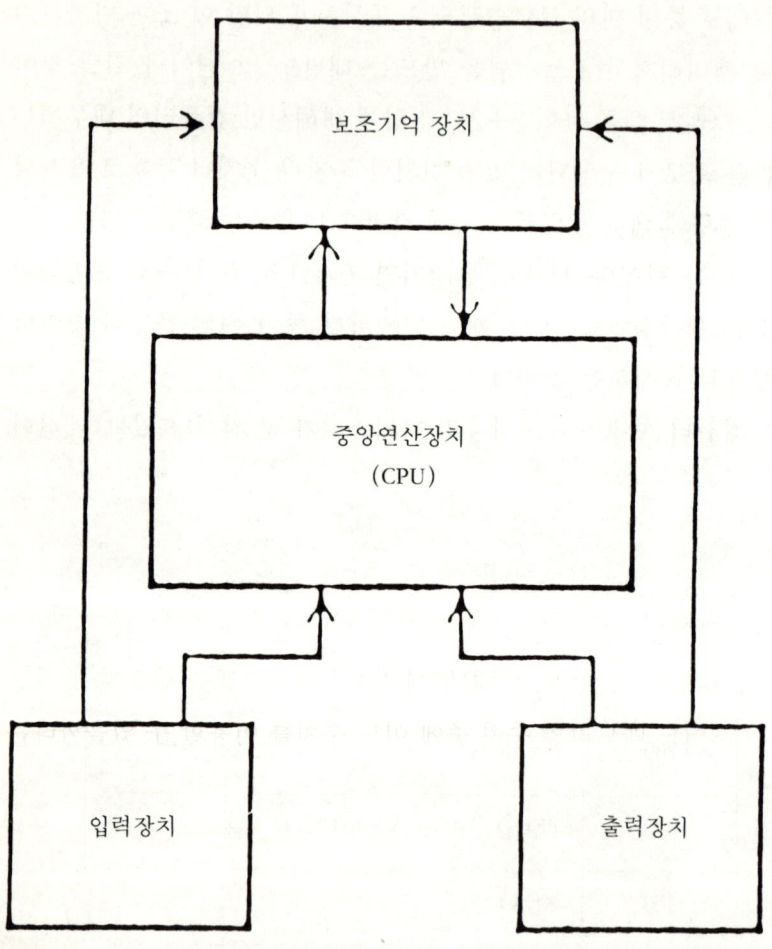

컴퓨터의 기본구조

보조기억장치 또는 입출력장치로

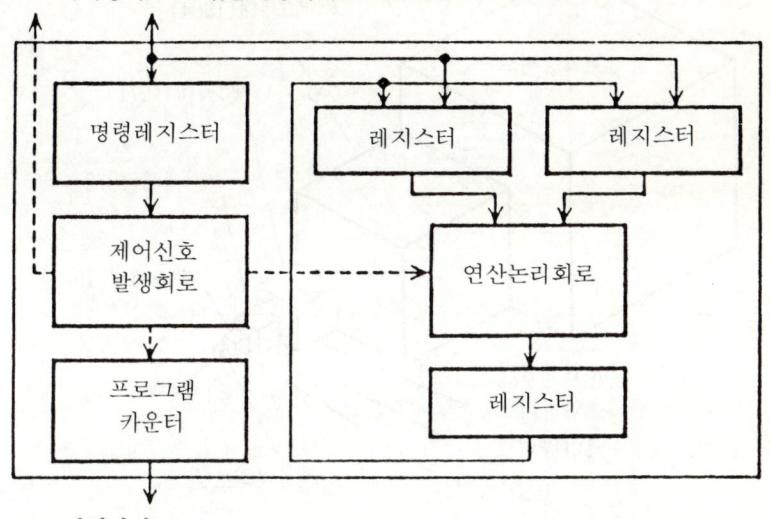

CPU의 기본구조

나 제어용의 게이트가 몇 만개 있다. 프로그램을 만든다고 하는 것은 어느 메모리의 수치 중에 어느 수치를 이용할 수 있을까라든가, 몇 개의 메모리에서 어떤 순서로 각각의 수치를 끌어내서 어느 가산기에 넣고 다음에 어느 메모리에 저장해 둘까하는 명령을 철자하는 것을 의미한다. 그 명령의 철자가 문자나 숫자나 부호로 표시되는 것이다. 예를 들면 반경R이라고 하는 숫자를 10렬의 메모리레지스터에 저장하라고 하는 명령은 10……INP-UTR이라고 하는 식이다. 이 숫자나 부호나 문자의 순서를 키로 두드려 가면 컴퓨터는 그것들을 1과 0의 장대한 열로 변환시켜 몇 개의 메모리에 기억시켜 가는 것이다. 마이크로컴퓨터의 대부

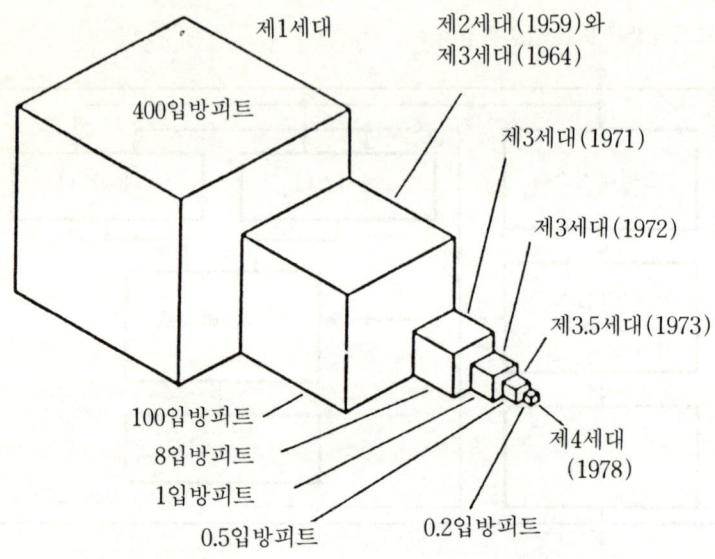

제1세대

400입방피트

제2세대(1959)와
제3세대(1964)

제3세대(1971)

제3세대(1972)

제3.5세대(1973)

제4세대
(1978)

100입방피트
8입방피트
1입방피트
0.5입방피트
0.2입방피트

IBM의 메모리 1메가바이트당의 용적

분은 1과 0의 열을 8비트(1개의 1이나 0을 1비트라고 계산한다)
를 단위로 해서 메모리에 저장하지만, 대형 컴퓨터라면 64비트를
단위로 하고 있다. 이 메모리의 단위를 번지(番地)라고 하는데,
1개의 번지에 많은 비트수가 들어있으면 있을수록 복잡한 많은
명령을 고속으로 자유자재로 처리할 수 있다.

그런데 저장된 프로그램에 따라서 컴퓨터에게 문제를 해결시키
게 되지만, 이 때는 프로그램을 짤 때와는 달리 그저 몇 개의 키를
두드리기만 해도 된다. 예를 들면 SIN(사인)0도에서 90도까지

사이의 수치를 5도씩마다 기재하라고 하는 그림과 같은 프로그램을 컴퓨터에 입력하려고 하면 64번 정도 키를 누를 필요가 있지만, 답을 구할 때에는 그런 수고가 들지 않는다. 예를 들어 RUN이라고 하는 3글자의 키를 한 번씩 누르고 이어서 ENTER이라고 하는 기호의 키를 한 번 누른다. 다음은 그 같은 키를 한 번 누를 때마다 잇달아 답이 표시판에 나타난다고 하는 식이다.

즉, 아주 조금 키를 누르기만 하면 2진법의 산술계산이라고 하는 형태로 프로그램이 실행되기 시작해서 순식간에 답을 내보낸다. 그러나 그 과정 동안 컴퓨터 속에서는 눈이 팽팽 도는 움직임이 일어난다. 각각의 레지스터로부터 차례차례 타이밍을 맞추어서 데이타가 튀어나오고 하나의 계산이 끝나면 그것을 다음 레지스터에 저장하고, 다음 계산의 답이 나오면 앞의 레지스터 속의 데이타와 대조하거나 다시 계산을 중복하거나 하는 것이다.

어디에서 어떤 배선을 통해서 어느 레지스터에 넣을까 하는 신호의 공간적인 경과가 정확하지 않으면 안되지만, 이것은 각 부분에 배치되어 있는 게이트 등의 역할이다. 또한 언제 어느 레지스터로부터 그 속의 데이터를 끌어내는가 하는 신호의 시간적 경과도 역시 정확하지 않으면 안된다. 이것은 수정발진자로부터 나오는 신호전류(펄스파)가 그 타이밍을 맞춘다. 이 시간적·공간적 제어가 자동적으로 일시에 실시되어야만 컴퓨터의 작용이 보증되는 것이다. 이와같은 시스템을 제어시스템이라고 한다. 하나의 프로그램에 필요한 1과 0의 비트수는 적어도 몇 십, 몇 백, 몇 만, 몇 십만이라고 하니까 메모리의 수가 적으면 간단한 프로그램밖에 만들 수 없다. 반대로 그것이 많으면 많을수록 매우

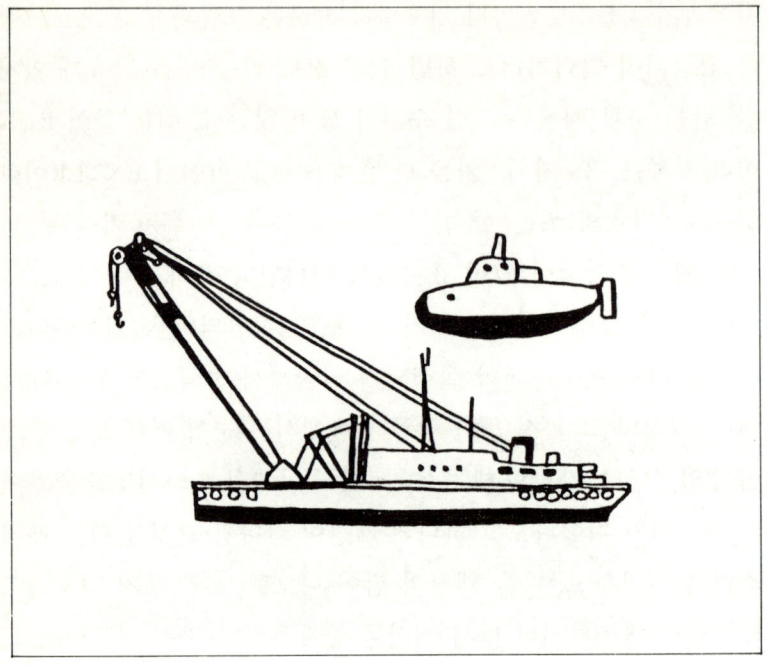

복잡한 계산도, 모든 데이타도 1과 0의 장대한 열의 형태로 메모리에 저장할 수 있다. 8비트의 정보를 1바이트라고 하는데, 보통의 마이크로 컴퓨터는 16킬로바이트(12만 8000비트)정도의 메모리를, 대형 컴퓨터라면 16메가바이트(1억 2800만 비트)의 메모리를 책임지고 있다.

또한 한 번 긴 프로그램을 만들면 컴퓨터의 메모리는 만원이 되어 버린다. 그래서 몇 번이나 사용한 프로그램은 컴퓨터 밖의 보조 기억장치에 저장된다. 그것은 자기(磁氣) 테이프형태라도 괜찮지만, 최근 마이콘의 보조기억장치에는 플로피디스크라고 하는 레코드와 같은 형태를 한 자기 디스크가 사용되고 있다.

그러므로 실제로 컴퓨터를 사용할 때에는 보조 기억장치에 넣어 둔 프로그램을 우선 컴퓨터 본체의 메모리로 옮기고 나서 키를 눌러 답을 얻는 것이다.

이렇게 해서 컴퓨터는 마이크로이든 대형 컴퓨터든 그림과 같이 마이크로프로세서라고도 하는 본체의 중앙연산장치(CPU Central Processing Unit)와 보조 기억장치, 게다가 타이프라이터와 같이 키를 누르는 장치나 브라운관이나 프린터 등의 입출력장치 세 부분으로 이루어져 있다. 그리고 CPU는 그림과 같이 게이트를 소자로 하는 연산논리회로(演算論理回路), 각 레지스터, 제어신호 발생회로, 각 프로그램 메모리의 번지를 지정하는 프로그램 카운터 등으로 구성되어 있다.

메모리와 게이트를 합치면 몇 만개나 되지만 마이크로컴퓨터에서는 그것이 LSI(→195페이지)로서 불과 수 미리각의 실리콘반도체 속에 들어 있다. 요 2,3년 동안에 컴퓨터는 그림과 같이 놀랄 만큼 작아져 버렸다.

제6장
일렉트로닉스 Ⅱ

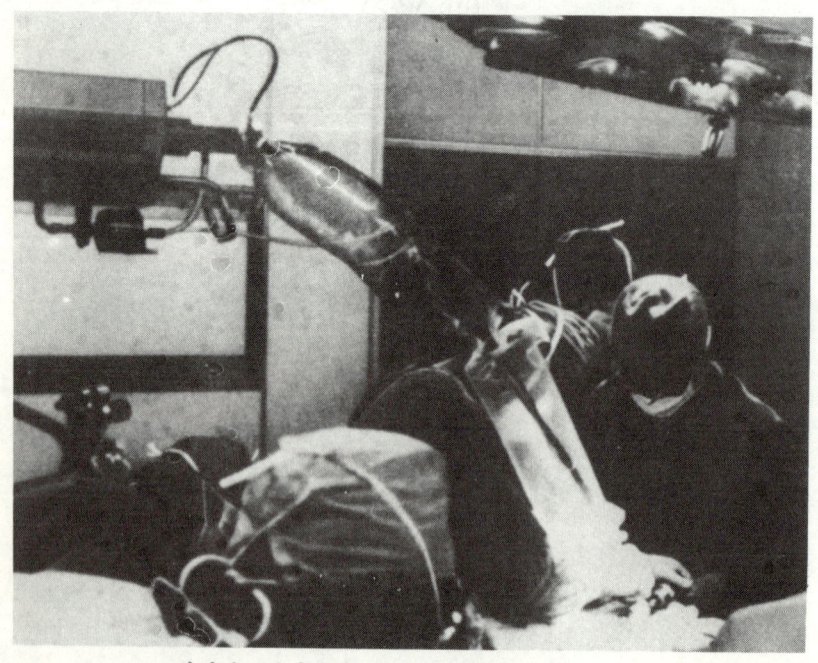

탄산가스레이저에 의한 임상실험(공동통신사 제공)

칼라 텔레비젼

  화상(畫像)은 전기신호로 변환할 수 있고, 전기신호는 화상으로 변환할 수 있다. 텔레비젼 방송은 그것을 해 내고 있다.

  텔레비젼 카메라를 피사체(被寫體)에게 돌리면 렌즈를 통해서 카메라 속에 화상이 맺혀지는데, 그 빛 때문에 동시에 그곳으로부터 전자가 방출되어 광학적(光學的)인 화상에 대응해서 정전하(正電荷)의 화상이 만들어진다. 그 정전하 화상에 배후의 전자총으로 전자빔을 쏘면, 정전하가 크면 클수록 전자는 거기에 보다 많이 흡수되기 때문에 되미쳐 오는 전자의 수는 적다. 즉, 광학적인 화상의 명암에 따라서 되미치는 전자의 수가 변한다고 하는 식으로 화상은 전기신호로 바뀌는 것이다.

  전자빔을 화상에 쏠 때 우선 상단의 왼쪽에서 오른쪽으로 빔을 쏘아가고, 오른쪽 끝까지 다 가면 전자보다도 조금 아래의 왼쪽 끝으로 되돌아와서 다시 오른쪽으로 이동해 간다고 하는 식으로 왼쪽에서 오른쪽으로의 수평주사(水平走査)를 차례차례 아래방향으로 미쳐가면 화상의 공간적인 명암의 변화는 전기신호의 시간

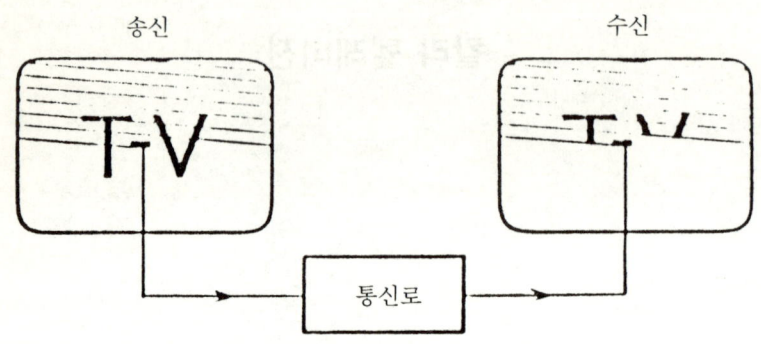

화면주사(畫面走査)의 동기화(同期化)

적인 변화로 옮겨가 버린다.

그 전기신호를 브라운관에 보내서 그 형광 스크린을 완전히 같은 시간간격으로(이것을 동기(同期)를 취한다고 한다) 전자빔을 주사하면 전기신호의 시간적인 변화는 화상의 공간적인 변화로 변해서 원래의 광학적인 화상이 그림과 같이 재생되게 된다.

우리나라의 텔레비젼에서는 화면 위에서 아래까지 525개의 수평주사선이 그려지는데, 이것을 1초간 30회 반복하지 않으면 안된다. 속도가 이것보다 느리면 화면이 아른거려서 상(像)이 순조롭게 움직이고 있는 것처럼 보이지 않게 된다. 즉, 매초 그려지는 주사선의 수만해도 1만 5750개가 되고, 1회의 수평주사를 정확히 1만 5750분의 1초만에 끝내지 않으면 안된다. 또한, 그 과정에서 적어도 500정도 단계의 명암을 구별하지 않으면 안되기 때문에 텔레비젼 방송에서는 787만 5000분의 1초 정도마다 일어나는 전류의 변화를 발생시키고 또한 그것과 동기(同期)해서

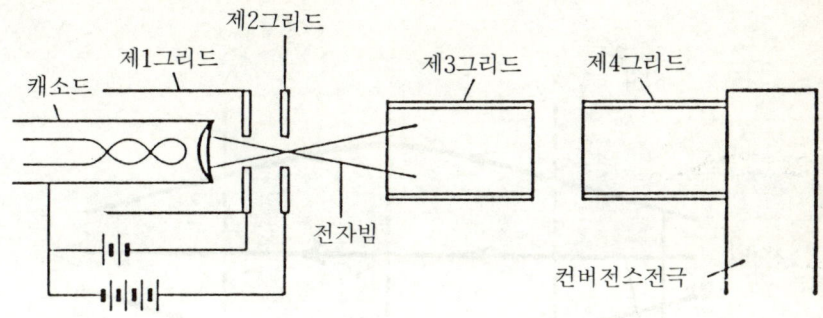

전자총의 구조

브라운관의 전자총 부분에 완전히 같은 전류의 변화가 재현되지 않으면 안된다.

칼라 텔레비젼의 경우, 그 정확도는 더욱 엄격하게 요구되게 된다. 텔레비젼 수상기의 브라운관 형광면에는 적, 녹, 청으로 빛나는 점상발광체(点狀發光體)가 90만개에서 100만개나 규칙적으로 칠해져 있다. 한개 한개의 점을 도트라고 하는데, 도트의 직경은 0.3미리에서 0.4미리로, 전자총에서 방사되는 전자빔은 이 도트에 정확하게 명중하지 않으면 안된다.

적, 녹, 청 3색의 형광점을 따로따로 발광시키기 위해서는 3개의 전자빔이 필요하고 따라서 브라운관의 접합부분에는 3개의 전자총이 있다. 그것은 텔레비젼 카메라에서도 마찬가지로 전자빔은 화상의 각 점의 명암(명도라고 한다)을 주사함과 동시에 각 점의 색깔을 3색으로 분해해서 각각의 성분비율(색도라고 한다)을 주사한다. 화상은 전기적인 명도신호(明渡信號)와 색도신호(色度信號)로 바뀌어 그들의 전기신호는 전파를 타고 각 가정의 텔레비

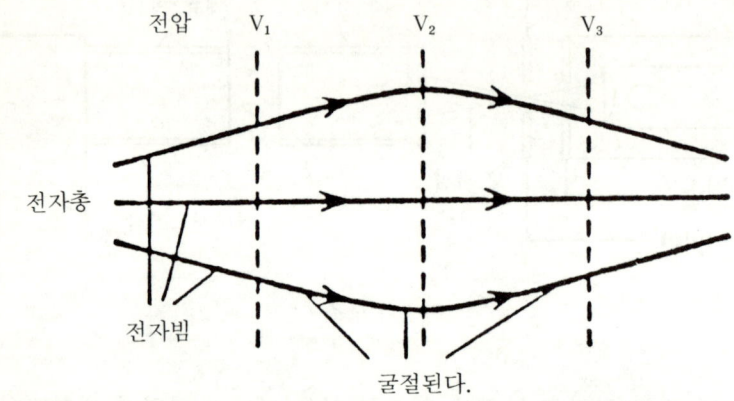

전계의 변화로 인한 전자빔의 집속(集束).

전 안테나에서 브라운관으로 들어오는 것이다.

　브라운관 속에서는 텔레비전 카메라와 꼭 반대의 조작이 이루어진다. 전자총의 음극(캐소드) 속에는 진공관과 마찬가지로 빔이 있고, 그 열로 캐소드 표면으로부터 전자가 방출된다. 그림에서 볼 수 있는 것처럼 이들 전자군은 정전압(正電壓)이 가해지고 있는 제2그리드에게 끌려 제1그리드의 작은 구멍을 빠져 나가서 축방향으로 날아가서 전자빔을 형성한다.

　이 때 제1그리드의 음전압(負電), 제2그리드의 정전압, 혹은 캐소드의 음전압 등이 영상의 전기신호와 동기해서 변화하고 그것이 전자빔의 강약(強弱)으로 변환된다. 제3그리드에는 2만볼트에서 2만 5000볼트의 전압이, 제4그리드에는 그 5분의 1에서 4분의 1의 전압이 가해지고 있어 화상신호(畫像信號)를 띤 전자빔은 이들 그리드에 의해 가속된다.

또한 제3, 제4그리드에서는 전자빔이 전진함에 따라서 전계 (電界)가 변화하도록 전압이 가해지고 있다. 전자는 운동방향과 수직의 전계로 인해 그 진로가 포물선 모양으로 휘어지기 때문에 전계의 변화를 적당히 조합하면 마치 빛이 렌즈를 통과하듯이 그림과 같이 전자빔은 가늘게 집속(集束)된다. 그리고 다음의 컨버전스전극에서는 자계(磁界)의 작용으로 인해 3개의 전자빔이 일제히 다음에 서술할 새도우마스크의 작은 구멍을 통과할 수 있도록 각 빔의 진로가 조정된다.

브라운관의 접합부분에서는 맨 뒤에 관의 바깥쪽에 평향코일이 대기하고 있어 이 자계의 작용으로 전자의 운동방향이 제어되고, 3개의 전자빔은 그림과 같이 형광면을 주사해 가는 것이다.

형광면에서는 적색신호를 싣고 있는 전자빔은 적색형광의 도트에, 녹색신호를 싣고 있는 전자빔은 녹색형광의 도트에라고 하는 식으로 3개의 전자빔은 동시에 각각 정확히 목표에 명중하지 않으면 안 된다. 적색신호의 전자빔이 청색형광의 도트에 방사되거나 하면 색조차 틀려 버린다.

그와 같은 정확성을 유지하기 위해서 형광면의 약 10미리미터 앞에 새도우마스크라고 하는 정치가 부착되어 있다. 새도우마스크 에는 두께 약 0.15미리의 강판에 25만개에서 30만개의 작은 구멍이 뚫려 있다.

구멍의 직경은 약 0.25미리 구멍의 중심과 중심의 간격은 약 0.65미리다. 3개의 전자빔은 그림과 같이 새도우마스크와 같은 작은 구멍을 통과해서 형광면에 방사되는 것인데, 마스크의 구멍

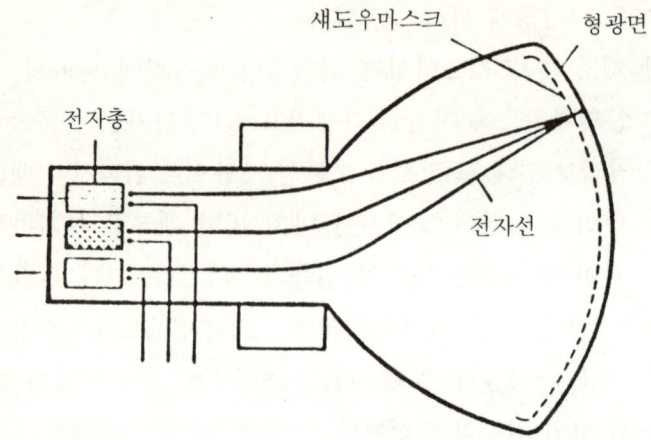

브라운관에 있어서 전자빔의 주사

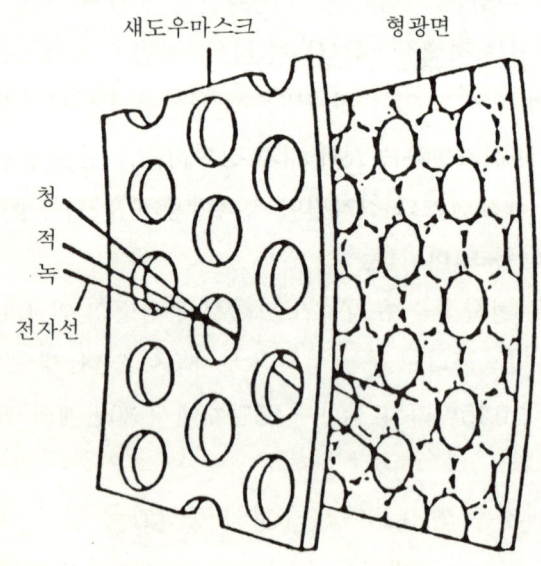

브라운관의 섀도우와 형광면

직경은 빔의 직경보다 작기 때문에 전자빔은 더욱 가늘어져서 형광 도트에 방사된다. 그 때의 빔의 직경은 형광 도트의 직경보다 작다. 그러므로 전자빔이 형광도트의 중심에서 조금 벗어나도 다른 형광점으로는 침입할 수 없어 색조의 이상은 예방된다. 이 때문에 전자빔 중 마스크의 작은 구멍을 빠져 나가는 비율은 화면 중앙부의 경우 15%에서 18%이고, 나머지는 마스크와 충돌해서 열로 변해 버린다. 새도우마스크의 작은 구멍은 사진제판(寫眞製版)과 같은 원리에 의해 강판을 그물 모양으로 부식시켜서 만든 것인데, 그 마스크는 또한 3색의 형광 도트를 관면(管面)에 정확하게 나눠 칠할 때 이용되고 있다.

이렇게 해서 약 100만개의 3색 형광 도트가 525개의 주사선을 따라서 한 조씩 동시에 발광(發光)해 가서 그것이 1초 간 30회 반복된다. 텔레비젼 방송에서는 이 정도 고속의 신호변화가 필요하기 때문에 AM라디오 방송과 같은 중파(中波)를 사용할 수 없고, 90메가헤르츠에서 770메가헤르츠에 걸친 초단파나 마이크로파를 사용하지 않으면 안된다. 그 때문에 인간의 눈에는 텔레비젼 카메라가 그리고 있는 인간이나 풍경이 그대로의 모습이나 색으로 움직이고 있는 것 같이 보인다.

VTR(비디오테이프 레코더)

텔레비젼 카메라(→223페이지)에 의해 화상(畫像)으로 변환된 전기신호는 테이프 위에 자기형태로 기록시켜 둘 수 있다. 그 자기기록(磁氣記錄)은 원래의 전기신호로 변환되어 다시 본래의 화상으로 변환시킬 수 있다. 이와 같은 장치가 VTR이다.

VTR의 테이프에는 오디오의 테이프와 같이 직경이 1미크론 이하라고 하는 자성 산화철(磁性酸化鐵)의 미세한 입자가 칠해져 있다. 무수한 눈에 보이지 않을 정도의 미소자석이 아로새겨져 있는 것과 같다. 그러나 놓아 두면 자극의 방향은 뿔뿔이 제멋대로 늘어지기 때문에 전체적으로는 테이프에 아무런 자기(磁氣)도 나타나지 않는다.

그러나 이 테이프에 자계(磁界)가 가해지면 모든 미소자석은 일제히 자계의 방향으로 돌아서려고 해서 테이프는 자기를 띠게 된다. 그리고 자계의 강약(強弱)으로 인해 테이프의 자기(자속밀도)도 역시 커지거나 작아지거나 한다. 즉, 화상(畫像)의 전기신호가 자계로 변환되고 다시 테이프의 자속밀도로 변환되면 전기신호는 테이프에 자기의 대소(大小) 형태로 기록되게 된다.

VTR에는 녹화 및 녹음헤드라고 하는 전자석(電磁石)이 있다. 이 전자석이 전체장치 중에서 가장 중요한 부분이다. 녹화 헤드에 대해서만 말하자면 전자석의 코일에 화상의 신호전류가 흐르면 전류의 강약에 따라서 전자석의 자계는 강해지거나 약해지거나 한다. 그 자계의 변화를 어떻게 테이프의 자속밀도(磁束密度)

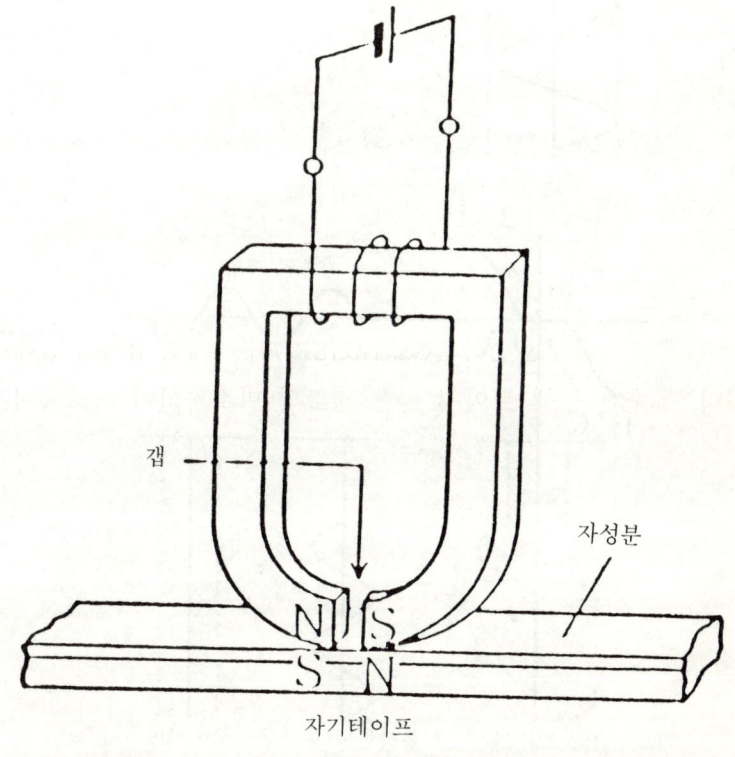

갭

자성분

자기테이프

녹화 헤드와 자기테이프

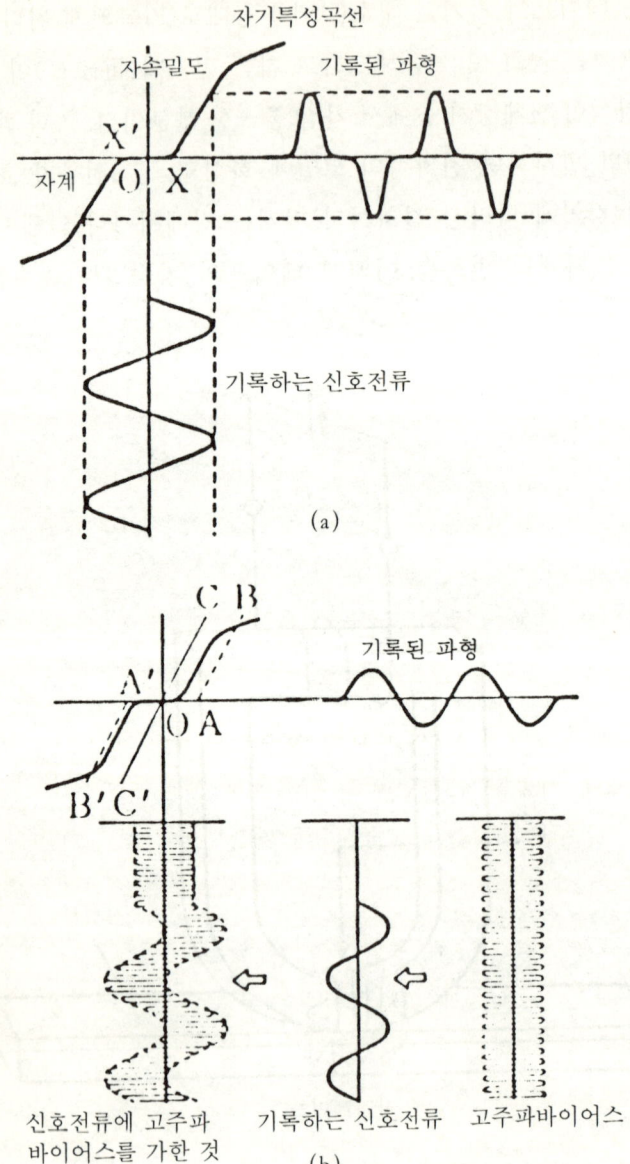

자기특성곡선

자속밀도

기록된 파형

X'

자계 O X

기록하는 신호전류

(a)

C B

A'

O A

기록된 파형

B' C'

신호전류에 고주파
바이어스를 가한 것

기록하는 신호전류

고주파바이어스

(b)

고주파바이어스법의 원리

변화로 바꿔 놓느냐 하면 우선 전자석의 선단에 그림과 같이 매우 좁은 틈(갭)을 만들어 여기에 접촉시키면서 테이프를 진행시키는 것이다. 그렇게 하면 갭 사이의 자계 때문에 테이프는 자기를 띠게 된다. 자계가 강하면 큰 전기가, 약하면 작은 전기가 기록된다. 이 때 갭의 폭은 신호전류의 가장 작은 파장보다 더 작지 않으면 안된다. 그렇지 않으면 신호파는 갭에 밀려나 버려서 정확한 녹화를 할 수 없다. 다만 테이프의 진행속도가 빠르면 빠를수록 신호전류의 파장은 길어야 좋다.

만일 비데오신호의 가장 높은 주파수를 5메가헤르츠(500만 헤르츠)로 하고, 테이프 속도를 초속 6미터로 하면 가장 좁은 파장은 후자를 전자로 나눈 값으로 1.2미크론이 된다. 실제로 갭은 1미크론보다 더 좁게 만들어져 있어 VTR 녹화 헤드의 제작에는 얼마나 높은 정밀도가 요구되는지 알 수 있다. 음성(音聲)의 녹음 때에는 그 최고 주파수는 훨씬 작기 때문에 헤드의 갭은 10미크론 정도로 적당하며 VTR 만큼의 정밀도는 요구되지 않는다.

테이프에 기록된 전기신호를 화상으로 재생하는 것은 녹화의 방법과 꼭 반대가 된다. 자기테이프에는 자속밀도의 변화가 기록되어 있기 때문에 테이프가 헤드와 계속 접촉해 나가면 헤드의 전자석에 자계의 변화가 발생하고 그것이 전자석의 전선에 신호전류를 발생시키는 것이다. 그 전기신호는 텔레비전 수상기로 보내지는 전기신호와 같기 때문에 그것을 브라운관의 화상으로 변환하는 일은 쉽다.

그런데 자계로 인해 자속밀도가 발생하는 구조에는 독특한 점이 있다. 자속밀도는 자계의 강도에 단순히 비례하지는 않는다. 그림(a)에서 볼 수 있듯이 자계의 강도가 어느 일정한 값 X에 이르기까지는 자속밀도는 거의 상승하지 않는다. 또한 역방향의 자속밀도를 얻기 위해서는 역방향의 자계를 X′까지 강화시키지 않으면 안된다. 이와 같은 곡선을 자기특성곡선(磁氣特性曲線)이라고 하는 것인데, 그것은 오디오의 테이프레코더나 VTR이나 곤란한 문제를 야기한다.

그림(a)에 기록하는 신호전류의 파형(波形)이 표시되어 있는데, 이것을 자속밀도로 변환시켜 보면 마치 찌그러진 파형이 돼버려서 그것으로는 음성이나 화상을 충실하게 재생(再生)할 수 없다.

이 문제를 해결하기 위해서 XOX′의 부분을 에워싸 버리는 것 같은 고주파전류(高周波電流 ; 바이어스전류)를 우선 흘려보내고, 그 다음에 신호전류를 겹친다고 하는 고주파 바이어스법이 개발되었다. 그림(b)에서 볼 수 있듯이 이렇게 하면 자계의 변화는 자기특성곡선 중에서도 AB나 A′B′와 같은 직선에 가까운 부분에 대해서 발생하게 되며 따라서 자속밀도 변화의 찌그러짐은 사라져 버린다. AB와 A′B′의 부분을 원점 O으로 이동해 보면 CC′와 같이 된다. 이것이 고주파 바이어스법에 있어서 자기특성곡선으로 그곳에서의 자속밀도 변화는 원래의 신호전류의 파형에 충실히 대응할 수 있다.

코히런트한 빛

　하나의 광원(光源)으로부터의 빛을 매우 접근한 두 개의 틈(슬릿)을 통해서 스크린 위에 비추면 거기에 명암의 줄무늬가 그려진다. 이것은 빛의 간섭이라고 하는 실험인데, 이 때 광원으로부터의 빛을 우선 한 개의 슬릿으로 빠져 나가게 하고, 그 빛을 다음의 두 개의 슬릿으로 통과시키는 것이 실험의 하나의 요점이다. 광원과 두 개의 슬릿 사이에 1개의 슬릿을 끼워 넣지 않으면 간섭(干涉) 줄무늬는 나타나기 어렵다.

　왜 그런가 하면 보통의 광원으로부터는 여러 가지 위상(位相)의 광파(光波)가 너저분하게 나오기 때문에 그것이 직접 두 개의 슬릿을 빠져나오려면 각각의 광파의 간섭이 서로 겹쳐지고 따라서 명암이 겹쳐져 전체적으로 간섭 줄무늬는 보기 어려워져 버리기 때문이다.

　우선 1개의 슬릿으로부터 빛을 통과시키면 광파의 여러 가지 위상이 소수로 한정되고, 그것이 다음에 2개의 슬릿을 통과할 때에 더욱 소수로 좁혀지기 때문에 스크린 위에 간섭 줄무늬가

236

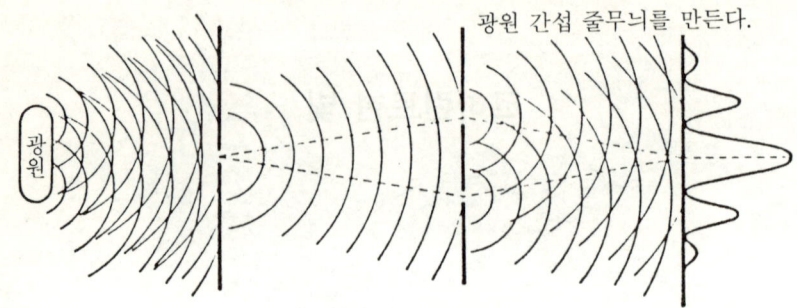

광원 간섭 줄무늬를 만든다.

간섭 줄무늬가 나타나는 경우

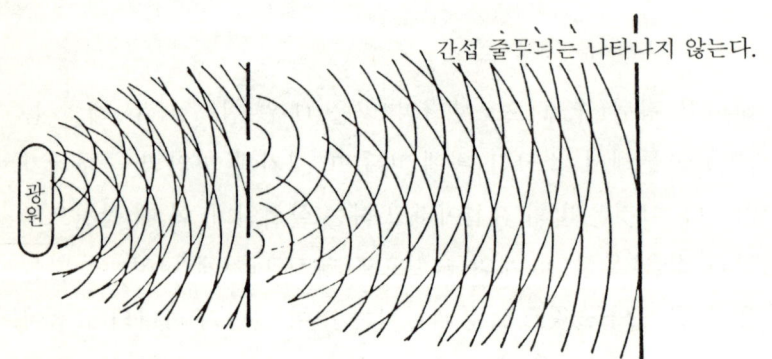

간섭 줄무늬는 나타나지 않는다.

간섭 줄무늬가 나타나지 않는 경우

나타나기 쉬워지는 것이다.

　만일 하나의 광원으로 인한 빛의 위상이 모두 모여 있는 경우라면 직접 2개의 슬릿을 빠져나가도 또렷한 간섭 줄무늬를 나타냈음에 틀림없다. 이와 같이 위상이 모여 있는 빛을 코히런트한 빛이라고 한다. 코히런트란 간섭현상(干涉現象)을 나타낼 수 있다고 하는 의미다.

　그런데 통신에 사용되는 전자파는 모두 코히런트다. 그렇지 않으면 파(波)와 파를 겹치거나 겹쳐진 파로부터 특정한 파를

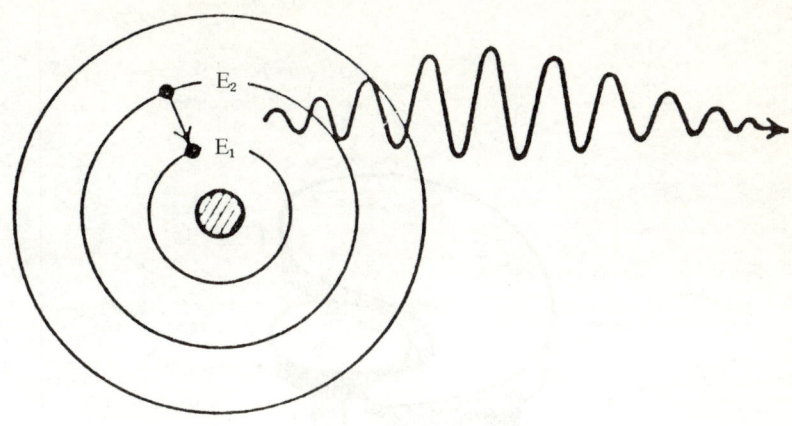

원자로부터 빛이 방출되는 구조

분리하거나 위상을 겹치지 않도록 비켜놓거나 반전(反轉)시키거나 동조(同調)시키거나 동기(同期)시키거나 할 수 없다 .

즉, 통신 시스템은 전연 성립하지 않는다. 종래 빛도 역시 전자파임에도 불구하고 통신에 이용할 수 없었던 것은 그 위상이 통신용 전자파와 같이 모여 있지 않았기 때문이다.

원래 빛이 발생한다고 하는 것은 원자핵 주위의 전자가 얼마의 에너지를 얻어 각각의 에너지 준위(→174페이지)껍질로부터 좀 더 에너지 준위가 높은 껍질로 이동하고 있었던 것이 그림과 같이 다시 원래의 낮은 껍질로 이동할 때에 발생한다. 전자가 원자핵 바깥쪽 껍질을 따라서 움직이고 있을 때의 에너지를 E_2, 그리고 나서 하나 안쪽의 껍질을 따라서 움직이고 있을 때의 에너지를 E_1이라고 하면 E_2는 항상 E_1보다 크다. 그러므로 전자가 바깥쪽

껍질로부터 안쪽 껍질로 이동할 때는 그 에너지가 남게 된다. 그 남은 에너지($E_2 - E_1$)가 빛이 되어 방출되는 것이다.

전자가 바깥쪽 껍질에서 안쪽 껍질로 이동하는 현상은 말하자면 우발적으로 일어난다. 각 원자에 의해서 뿔뿔이 발생하기 때문에 여러 가지 위상의 빛이 생기지 않을 수 없는 것이다. 이것은 빛의 자연방출(自然放出)이라고 하는 것인데, 자연방출은 인간이 제어할 수 없는 현상이기 때문에, 이것을 통신용 전자파로 이용하는 일은 할 수 없는 의논이다. 전구(電球)의 빛도 이 일례다. 백열등(→253페이지)이나 형광등(⇦)이나 그 빛의 파상에 비해서 매우 큰 발광면적(發光面積)을 가지고 있다. 그 때문에 몇 백만이

라고 하는 미소한 점에서 각각 서로 무관계하게 빛이 발생하고
있다. 이런 상태에서는 코히런트한 빛을 얻을 수 있는 도리가
없다.

만일 무수한 원자로부터 일제히 위상이 모인 빛을 방출시킬
수 있다면 빛은 통신에 이용할 수 있을 것이다. 게다가 빛의 파장
은 적외선을 제외하면 1미크론(1000분의 1미리미터)이 채 안되어
통신용의 매우 짧은 전자파(센티파)보다 4자릿수나 작다. 즉,
빛의 주파수는 4자릿수나 크기 때문에 그 만큼 다수의 신호를
실을 수 있다. 빛을 통신에 이용할 수 있는지 없는지는 우선 먼저
코히런트한 빛을 얻을 수 있는지, 얻을 수 없는지에 달려 있다.

1950년대에 많은 과학자가 그 과제에 몰두했다. 오늘날 레이저
(⇦)라고 하는 장치가 그 노력의 결정이다. 레이저는 코히런트한
빛을 방출해서 종래의 전자파와 같이 증폭(增幅)도 발진(發振)
도 할 수 있다. 그리고 발광 다이오드나 광파이버(⇦)와 같은
레이저광선이라면 직접 두개의 슬릿을 통과해도 또렷한 간섭
줄무늬가 생기는 것은 물론이다.

레이저

전자가 원자핵의 바깥쪽 껍질로부터 안쪽 껍질로 이동할 때에 각각의 에너지 준위(→125페이지)차로 인해 빛이 방출되는데, 그 빛의 주파수 v 는 에너지의 차(E_2-E_1)에 비례한다. 그 비례정수는 플랑크정수 h 다.

한편, 그 주파수의 빛이 같은 원자에 방사(放射)되면 그림과 같이 낮은 에너지준위에 있던 전자는 빛에너지를 흡수해서 높은 에너지준위로 이동해 버린다. 그렇지만, 높은 준위에 있는 시간은 짧아서 일단 에너지를 늘린 전자는 뿔뿔이 다시 낮은 에너지준위로 이동해 버린다. 그 때에 내는 빛의 주파수는 원자에 흡수된 빛의 주파수와 같다.

전자가 높은 에너지준위로 이동하는 것을 원자 내지는 전자가 여기상태(勵氣狀態)에 있다고 한다. 그런데 그 원자에 다시 한번 에너지준위가 내려갈 때에 방출하는 빛과 같은 주파수의 빛을 쪼이면 그 자극을 받고 그림과 같이 다시 같은 주파수와 같은 위상(位相)을 가진 빛이 흩어지지 않고 일제히 입사광(入射光)

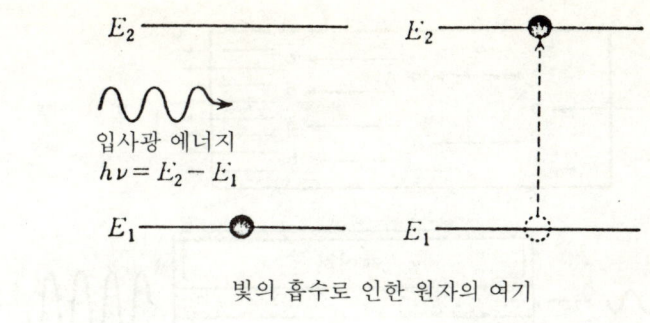

빛의 흡수로 인한 원자의 여기

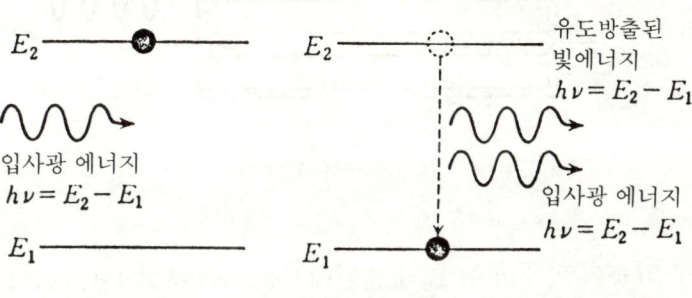

빛의 유도방출

과 같은 방향으로 방출된다. 이것은 인위적으로 이루어지는 것이
기 때문에 빛의 자연방출(→238페이지)이라고는 할 수 없고,
빛의 유도방출(誘導放出)이라고 한다. 위상이 모인 빛의 이와
같은 유도방출을 안정되게 실현할 수 있는지 어떤지가 빛을 통신
에 이용할 수 있는지, 어떤지의 또 하나의 갈림길이다.

　이 문제는 두 개의 에너지준위가 아닌 세 개의 에너지준위를
사용함으로써 해결되었다. 즉, 전자를 E_2라고 하는 에너지준위로
여기(勵起)시키는 것이다. 이렇게 하면 전자는 E_3의 준위에서
곧바로 뿔뿔이 E_2의 준위로 이동하겠지만, 그곳에 잠시 축적하게
된다. 여기된 전자는 E_3의 준위에는 1000만분의 1초 정도밖에

빛의 증폭

레이저

입력 로드 출력

레이저 증폭기

머물 수 없는데 반해서 이 E_2의 준위에서는 1000분의 1초, 때로는 1초 동안도 머물 수 있다. 1만배에서 1000만배나 긴 시간, 그 준위에 머물고 있기 때문에 E_2준위에 전자가 축적되어 간다. 이와 같은 에너지준위를 준안정준위(準安定準位)라고 부른다.

이와 같은 상태의 원자에 빛을 방사하면 준안정준위에 모여 있던 전자가 우르르 E_1의 에너지준위로 이동해서 강한 코히런트한 빛(◁)이 방출되게 된다.

그런데 이렇게 해서 안정된 코히런트한 빛이 얻어졌다고 해도 그 빛을 어떻게 통신에 사용할 것인가. 전기통신에 있어서는 우선 진공관이나 트랜지스터의 증폭작용(增幅作用)이나 발진작용(發振作用)이 시스템의 핵심이 된다. 광통신의 경우도 마찬가지다. 진공관이나 트랜지스터에 해당하는 것은 레이저다.

레이저 물질의 원자를 여기시켜서 전자를 E_3이나 E_2와 같은

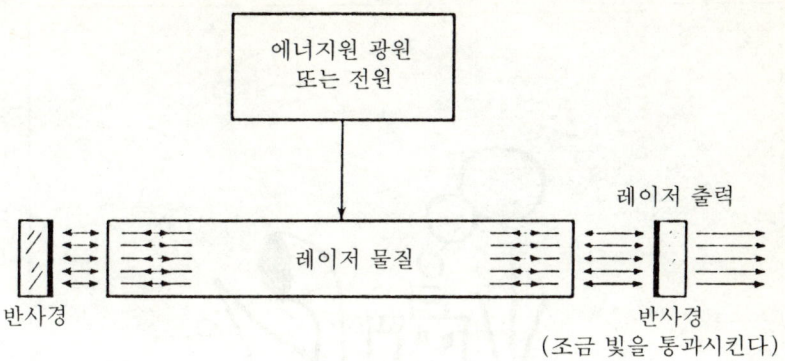

광발진과 전기발진

높은 에너지준위로 분산시키는 것을 반전분포(反轉分布)라고 하는데, 만일 반전분포가 발생하지 않는다고 하면 빛은 레이저물질을 통과하는 사이에 그 에너지가 흡수되어 감쇠(減衰)해 버린다. 그러나 반전분포가 발생하면 상황이 전연 달라진다.

예를 들어 레이저 물질을 루비의 결정(산화알루미늄 속에 중량 0.05%의 그램을 포함한다)으로 하면 0.6943미크론 파장의 빛이 루비에 뛰어들면 이 빛은 원자와 충돌하고 그 자극으로 그림(242페이지) 같이 같은 방향으로 같은 파장과 같은 위상의 빛을 방출시키고, 이들 빛은 더욱 같은 방향으로 진행하면서 또 다른 원자와 충돌해서 같은 빛을 방출시킨다고 하는 식으로 연쇄반응적(連鎖反應的)으로 빛의 양이 증대해 간다. 이것은 빛의 증폭작용 그 자체임에 틀림없다.

이와 같은 레이저 증폭기의 일례는 예를 들어 그림(242페이지 아래)과 같은 것이다. 크세논램프는 0.56미크론의 파장을 중심으

로 하는 빛을 방출하는데 그 빛으로 루비의 레이저 로드속의 크롬 전자가 여기되어 반전분포가 발생한다. 거기에 0.694미크론 파장의 약한 빛이 들어오면 증폭되어 같은 파장과 위상의 강한 빛이 되어 나가는 것이다. 그리고 증폭이 가능하다면 전기통신의 경우와 마찬가지로 발진도 또한 가능하다.

전기통신의 경우는 증폭회로(고주파동조형 ; 高周波同調型)에서 나오는 전류의 일부를 트랜지스터의 베이스(→186페이지) 전극으로 되돌려 주면(이것을 피드백이라고 한다) 강한 진동전류(振動電流)를 얻을 수 있다. 여기에 반해서 레이저통신의 경우는 루비의 예를 들자면 그림(243페이지)와 같이 그 레이저 로드의 양끝에 반사경을 놓고 증폭되어 생긴 강한 빛을 왕복시킨다. 단, 한쪽의 반사경은 겨우 빛을 통과시키도록 되어 있고 그곳으로부터 레이저 빛이 발진한다.

레이저 빛의 에너지에도 역시 여러 가지 사용방법이 있다. 매우 작은 공간에 매우 정확하게 큰 에너지를 집중시킬 수 있기 때문에 융점(融点)이 매우 높은 재료에 대해서 미세한 가공을 할 수 있다. 탄산가스레이저는 1킬로와트의 출력을 낼 수 있기 때문에 유리나 수정을 절단하거나 용접하거나 한다. 의료에 있어서도 예를 들면 악성 종양에 레이저 빛을 쪼여 종양을 파괴하고 치료에 성공한 예도 있다. 레이저는 또한 고체화된 2중 수소나 3중수소의 작은 공에 조사(照射)해서 핵융합(⟨⟩)을 일으키는 에너지로 기대되고 있다.

레이저는 인쇄부문에도 진출하려고 하고 있다. 사진제판에서는 종래는 화학작용으로 빛이 쪼이지 않은 부분에는 많은 망점(網点 ; 미세한 돌기)을 설치하고, 빛이 쪼이는 부분에는 적은 망점을 배치해서 망요판을 만들어 거기에 잉크를 담고 사진을 재현했던 것이다.

그러나 텔레비젼에서 화면을 주사(→223페이지)하듯이 문자도 사진과 마찬가지로 주사해서 그것을 전기신호로 바꾸어 그 전기신호를 따라서 레이저가 동판 등에 망요판을 조각한다고 하는 기술이 개발되기 시작하고 있다.

레이저는 또한 군사기술 부문에서도 폭탄의 유도장치에 이용되고 있다. 공격기에 탑재된 레이저가 우선 그 빛을 목표에 조사한다. 다음에 공격기의 자세나 위치가 아무리 변화해도 레이저 빛이

246

끊임없이 목표에 조사하도록 한다. 그리고 나서 폭탄을 투하하면 탄두(彈頭)의 레이저빛 탐지기의 지시에 따라 폭탄의 안정날개가 움직여 목표를 향해서 낙하해 간다. 이 폭탄은 스마트 폭탄이라 해서 베트남 전쟁 중에 개발되었다. 레이저 유도시스템으로 인해 스마트 폭탄의 반수가 목표에서 4미터 이내에 낙하했다고 한다.

아폴로 우주선(☽)의 비행사가 우선 달 표면에 설치한 것은 지구에서 보낸 레이저 빛을 반사하는 장치였다. 지구에서 레이저 빛을 보내고 반사되어 돌아올 때까지의 시간을 측정해서 그것을 빛의 속도로 나누면 지구에서 달까지의 왕복거리를 알 수 있다.

광파이버와 반도체 레이저

광통신(光通信)의 경우 빛은 어떻게 보내는가. 무선통신과 같이
레이저(⟨⟩)빛을 대기중으로 전파시키면 안개가 끼거나 비가 내리
거나 하면 빛의 일부가 물의 입자에 흡수·굴절·반사되어 통신
은 매우 불안정해진다. 또한 대기중에서는 가령 비가 내리지 않았
다고 해도, 빛은 처음에는 한 가닥의 가는 빔이 되어 직진했다고
해도 점점 그 끝이 퍼져간다. 이것은 산란현상(散亂現象)이기
때문에 빛은 이 제약에서 벗어날 수 없다. 레이저빛도 대기중을
1킬로미터 전파하면 처음 직경 5미리의 빛이었던 것이 직경 약
10센티미터로 퍼지고, 그 강도는 400분의 1로 감소해 버린다.

빛의 경우, 산란을 가능한 한 억제하는 좋은 방법이 있다. 그것
은 빛이 가능한 한 전반사(全反射)되어 나갈 수 있는 것과 같은
도파로(導波路)를 만드는 방법이다. 빛을 굴절률(屈折率)이 높은
물질에서 낮은 물질로 입사(入射)하려고 하면 굴절률이 불연속이
기 때문에 일부는 원래의 물질속으로 반사되고 나머지는 굴절되
어 굴절률이 낮은 물질 속으로 들어간다. 그런데 두 물질의 경계

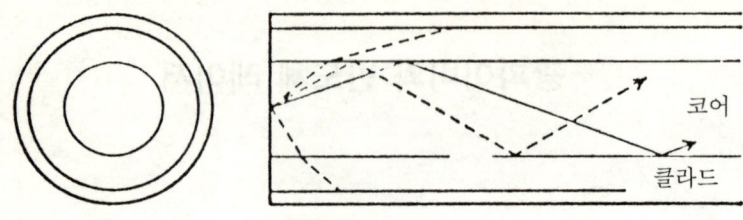

광파이버의 구조

면에 대해서 수직인 방향에서 측정한 입사각이 임계각(臨界角)이라고 부르는 크기에 이르면 빛은 또 하나의 물질로 들어가지 않고, 경계면과 평행으로 전파되게 된다. 입사각이 임계각보다 커지면 빛 전부가 반사되게 된다. 이것이 전반사(全反射)라고 불리는 현상이다.

그러므로 굴절률이 높은 투명한 물질(코어라고 한다)을 굴절률이 낮은 투명한 물질(클라드라고 한다)사이에 샌드위치 모양으로 끼워서 양자의 굴절률을 적당히 설정하면, 그림과 같이 빛은 코어 속에 갇혀서 지그재그 모양으로 진행하게 된다. 이것이 광파이버이다.

다음에 광파이버의 재료는 빛의 투과률(透過率)이 매우 높은 물질이 아니면 안된다. 그렇지 않으면 아무리 빛을 코어에 가두어도 빛은 점점 감쇠하여 멀리까지 도달할 수 없게 되어버린다. 그와 같은 재료로는 당연 석영유리를 생각할 수 있는데, 보통의 방법으로 생산한 석영유리로는 그 속에 조금 포함되어 있는 철이나 구리나 수산화물이나 기포(氣泡) 등 때문에 빛의 감쇠가 너무

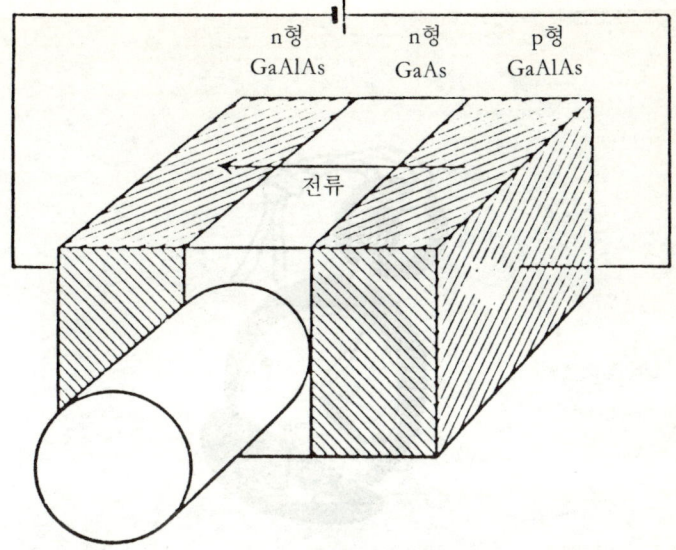

반도체 다이오드 레이저의 구조

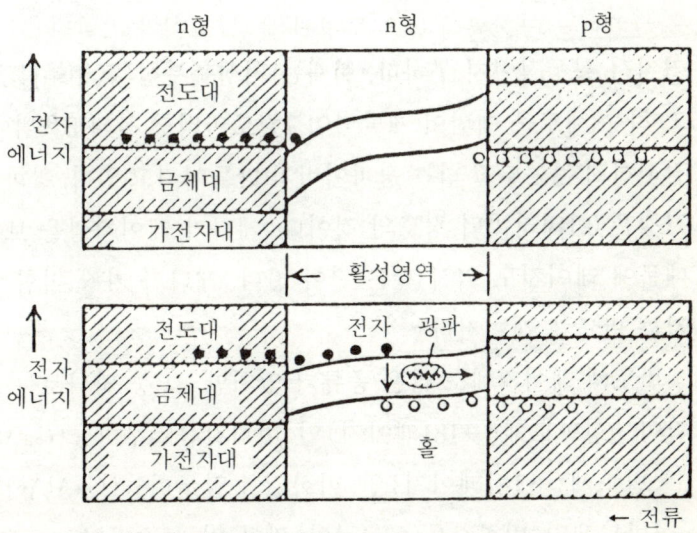

반도체 레이저에 있어서 에너지 준위도

커져서 실용적이지 못하다. 현재는 기상축부법(氣相軸付法)이라
고 하는 새로운 제법이 개발되어 1킬로미터당 불과 5%밖에 빛이
감쇠하지 않는다고 하는 광파이버가 만들어지고 있다. 광파이버의
직경은 0.1미리미터 정도의 것이다. 게다가 레이저광을 보내주기
때문에 레이저도 역시 같은 편이 좋다. 게다가 가장 적합한 레이
저는 반도체 레이저다.

　반도체 레이저에도 많은 종류가 있지만, 그 중 하나로는 그림과
같이 n형반도체(→181페이지)인 비화갈륨알루미늄(GaAlAs)과
p형반도체(→181페이지)인 비화갈륨 알루미늄(GaAlAs)사이에
n형반도체인 비화갈륨(GaAs)이 끼여 있고 순방향 (→184페이

지)으로, 즉 비화갈륨을 사이에 둔 p형반도체에서 n형반도체로 전압을 가해 전류를 흐르게 하고,다음에 0.85미크론 파장의 빛을 n형의 비화갈륨에 방사(放射)시키면 그곳으로부터 같은 파장의 빛이 방사된다. 에너지대의 구조에서 이 이유를 설명하자면 다음과 같이 된다.

외부로부터 전압을 가하지 않을 때는 그림과 같이 비화갈륨을 사이에 둔 p형반도체의 정공(正孔)도, n형반도체의 전자도 거의 같은 페르미에너지(→175페이지)를 가지고 있지만, 양자는 공간적으로는 분리되어 있다. 그러나 순방향(順方向)으로 전압을 가하면 후자의 전자 에너지는 전자의 정공 에너지보다도 높아지고 동시에 전자도 정공도 n형비화갈륨으로 이동하기 시작한다. 이것은 다른 레이저(⇦)로 말하자면 일단 여기된 전자가 준안정준위(→242페이지)에 축적된 상태와 비슷하다. 이러한 상태 아래에서 0.85미크론의 빛을 비화갈륨에 방사하면 그림 같이 전도대(→175페이지)의 전자는 가전자대(→175페이지)로 이동하여 그곳의 정공과 결합해서 남은 에너지를 같은 파장의 빛으로 방출한다. 그리고 나서 다음은 빛이 잇달아 전자와 에너지준위(→174페이지)의 저하를 유발해서 빛이 점차 증가한다고 하는 증폭작용(增幅作用)을 일으킨다. 이 반도체 레이저의 크기는 쌀알 정도의 것으로, 거기에서 방출되는 레이저광은 머리털 정도 굵기의 광파이버로 쉽게 들어가는 것이다.

수은등과 형광등

원자핵을 회전하는 전자에 얼마간의 에너지를 주면 전자는 안쪽의 껍질에서 바깥쪽 껍질로, 즉 낮은 에너지준위(→174페이지)에서 높은 에너지준위로 이동한다. 그 에너지원은 빛이나 전자나 전계(電界)나 열이나 괜찮다.

수은등이나 네온관의 경우는 방전관(放電管) 속 수은증기나 네온가스를 봉입 해 두고, 관 양끝 사이에 전계를 가한다. 그렇게 하면 관 속에 조금 있었던 전자가 달리기 시작하고, 원자가 이온과 충돌한다. 그러면 그 원자는 여기(勵氣)되어 가장 바깥쪽 껍질에 있던 전자가 원자의 밖으로 튀어나가서 그것이 다시 다른 원자와 충돌한다고 하는 식으로 전자가 점점 증가하고 따라서 원자도 역시 점점 이온으로 변해간다.

동시에 원자핵 주위의 전자는 일단 여기되어도 역시 낮은 에너지준위로 떨어져 가기 때문에 이 때에 남은 에너지가 빛이 되어 방출된다. 이것이 수은등이나 네온램프에서 빛이 발생하는 구조이다.

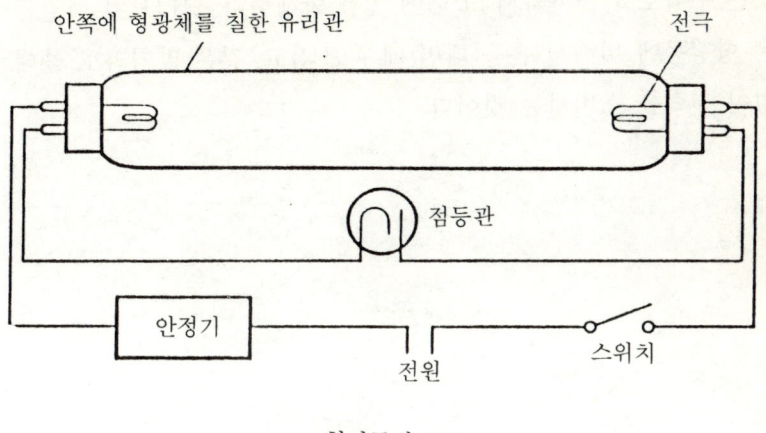

안쪽에 형광체를 칠한 유리관

전극

점등관

안정기

전원

스위치

형광등의 구조

　덧붙이자면 이 경우, 한편에서는 원자를 튀어 나온 전자는 다시
이온에게 붙들려서 원래의 중성원자(中性原子)가 생겨 버린다.
전자가 튀어나온 수와 전자가 이온에게 붙잡혀 버린 수가 균형을
이루도록 전계의 값을 설정하면 수은등도, 네온램프도 일정한
빛을 계속 방출하게 된다.

　형광등의 경우는 빛의 발생 구조가 조금 다르다. 형광등의 관
속에는 미량의 아르곤가스와 수은이 갖혀 있다. 그림과 같이 관의
양극에 전계를 가하면 수은등과 같은 구조로 수은의 원자에서
자외선이 발생하는데, 이것이 관의 안쪽에 칠해져 있는 형광체에
닿으면 거기에서 인간의 눈에 친숙한 빛이 발생하는 것이다.

　백열등의 경우는 전열기와 마찬가지로 필라멘트를 가열해서
그 열로 필라멘트의 텅스텐 원자를 여기시킨다. 그 때문에 전자가
낮은 에너지준위에서 높은 에너지준위로 이동하기 시작하고, 다시

낮은 준위로 되돌아와서 그 때에 빛을 발생한다. 그러므로 백열등은 형광등에 비해서 손을 대면 매우 뜨겁고, 같은 밝기라도 쓸데없이 전력을 소비하는 것이다.

전자사진

대기중의 음양 전극에 고전압을 가하면 극 사이에 불꽃방전이 발생하는데, 그 직전 상태를 코로나 방전이라고 한다. 암실에서 보면 전극이 붉은 빛을 내고 있어 그것을 알 수 있다. 제록스라고 하는 상품명으로 알려져 있는 전자사진에서는 우선 두께 1미리미터 정도의 알루미늄판 위에 20미크론에서 50미크론 정도의 반도체인 셀렌의 얇은 막을 만든다. 다음에 그림과 같이 6000볼트에서 7500볼트의 직류전압(直流電壓) 아래에서 셀렌막에 코로나 방전을 가하면 셀렌은 정전하(正電荷)를 띠게 된다. 방전 때문에 셀렌 부근의 공기가 정전하를 띠고 셀렌의 전자가 그곳으로 빨려 들어가기 때문이다.

그 셀렌막에 원도 사이를 통해서 노광(露光)하면 화상(畫像)이 없는 부분에서는 빛이 그대로 셀렌에 닿는다. 빛을 받은 셀렌 원자에서는 전자가 가전자대(→175페이지)에서 전도대(→175페이지)로 이동하여 셀렌은 도체(導體)로 변하기 때문에 모여 있던 정전하는 어스되어 있는 알루미늄판을 빠져나가 버린다.

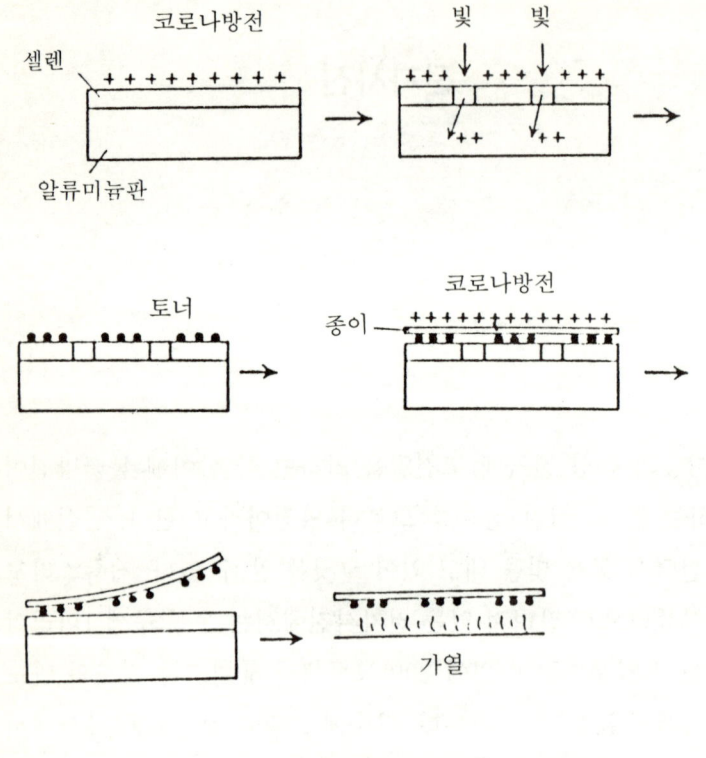

제조그래피의 원리 가열

화상이 있는 부분에는 빛이 닿지 않기 때문에 이 부분에서는 정전하가 그대로 남는다. 그 셀렌막에 마찰로 인해 음으로 대전한 흑색의 분말 잉크(카본블랙을 수지와 함께 갠 직경 1미크론에서 10미크론 정도의 분말로 토너라고 부른다)를 부으면 정전하가 남아 있는 화상부(畵像部)에만 토너가 부착해서 흑색의 화상(畵像)이 형성된다. 다음에 그 위에 종이를 얹고, 그 반대편에

정전하가 발생하도록 다시 한 번 코로나 방전을 가하면 음전하를
띠고 있는 토너는 종이 쪽으로 전사(轉寫)된다. 이 상태에서
손으로 문지르면 토너는 벗겨져 버리기 때문에 열을 가해서 토너
를 종이에 고착시킨다. 이것으로 카피화상이 완성된다.

　전자사진의 이와 같은 시스템은 제로 그래피라고 불리는데,
일렉트로팩스라고 하는 다른 시스템도 있다. 일렉트로팩스에서는
셀렌 대신 직경 0.3미크론 정도의 산화아연의 미립자를 사용한
다. 산화아연은 음전하를 쉽게 띠기 때문에 그렇게 되도록 코로나
방전을 가해서 화상부에만 음전하가 남아 있도록 한다. 토너에는
철분이 혼합되어 있어 마찰로 인해 양으로 대전(帶電)해서 화상
부(畫像部)에 부착한다.

■맺음말■

어떤 이유에선지 최근에는 현저한 과학기술 붐이다. 종래의 상식을 깨뜨리고 훌륭한 과학이나 기술이 속속 탄생해서 대단한 시대가 되었다고 하는 말이 텔레비젼에서도, 신문에서도, 잡지에서도 이야기되고 있다.

그러나 그 이야기를 보거나 읽거나 하면 그다지 대단한 수준도 아닌 것이 매우 고급인 것처럼 쓰여져 있거나, 당분간 희망이 적은 꿈과 같은 기술이 내일이라도 실현될 것 같이 쓰여져 있거나 한다. 과학기술 붐임에도 불구하고, 그 내용면에서는 전혀 과학적이 아니다. 그래서 요즘 특히 화제를 모으고 있는 여러 가지 최신 과학기술에 대해서 가능한 한 그 과학적인 원리부터 설명하기 시작해서 사실을 명확히 해야겠다고 생각했다. 그것이 이 책 집필의 제 1목적이다.

그런데 다 써 보고 통감한 것은 현대기술이 자못 기형적(奇形的)으로 발달해 오고 있다고 하는 사실이다. 뭐니뭐니 해도 현대기술을 강력하게 끌어 당기고 있는 것은 핵미사일의 기술이다.

우선 핵무기가 돌주하고 마침내 핵미사일이 돌주하고 더구나 모두 여하튼 지구를 다 파괴해 버리고, 인간을 다 죽이기 위해 한없이 개발이 추진되고 있기 때문에 우주개발이나, 원자력이나, 일렉트로닉스나 재료 등의 기술이 그 방향을 향해서 이상한 형태로 진보(?)해 가고 있다.

통신위성이나 스페이스셔틀이나, 아폴로 계획이나, LSI나, 마이로이나, 레이저나, FRP나, 고속증식로(高速增殖爐)나, 핵융합이나, 모두 핵미사일의 기술에 질질 끌려서 마치 조생아(早生兒)와 같이 이 세상에 어수선하게 탄생했다.

그러므로 군사적으로는 그 나름대로의 실리성은 있겠지만 평화(平和) 이용면에서는 그 필요성도 명확하지 않고, 안전성의 과학적 뒷받침도 없는 기술이 많다고 이야기하지 않을 수 없다. 도대체 아폴로 계획은 무엇 때문에 실시되었는가. 돈을 8조억이나 들여서 어떤 천체 물리학상의 혹은 현대사회에 필요한 어떤 실제상의 기술적 효과를 올렸는가.

광통신(光通信)은 확실히 종래와는 규모가 다른 정보를 보낼 수 있지만, 그 정도의 정보를 보내지 않으면 안될 필요가 있었을까. 리니어 모터카는 시속 300킬로로 달릴지 모르지만, 어째서 그렇게 빨리 달리지 않으면 안 되는가.

초LSI 등도 마찬가지로 핵미사일에 질질 끌려서 최신기술이 등장했지만, 그런데 어떻게 사용하면 좋을지 아니, 어떻게 팔면 되는 것인지 만든 사람이 머리를 짜내고 있다고 하는 것이 실정일 것이다.

사실은 이러한 상황이라면 과학기술 붐이 일어나고 있다고 하는 것이 진실인 것 같다. 최신 과학기술이 내일이라도 세계를 크게 변화시킬 것 같은 과대선전을 하지 않으면 최신기술의 제품을 사람들은 사주지 않을 것이다.

그러므로 요즘은 각각의 부문 전문가가 자신의 관계 기술의 정확한 도달점에 대해서 애매하게밖에 말하지 않는다고 하는 경향이 생기고 있다. 힘이 센 아톰과 같은 로보트와 현재의 지능 로보트 사이에는 하늘과 땅 만큼의 차이가 있다고 매스컴을 향해서 확실하게 말하면 좋을 것 같지만, 그런 주장은 거의 들은 적이 없다.

핵융합(核融合)이 정말로 실용화될 수 있는 전망이 있는 것인지, 그 실제상의 문제는 무엇인가 하는 점을 그 관계의 전문가들은 결코 말하지 않는다.

물론 과학기술 붐을 일으키고 있는 텔레비젼도, 신문도, 과학잡지도 가장 중요한 그 문제에 대해서는 거의 언급도 하지 않는다. 모두 한결같이 '거짓 협박으로 사람을 놀라게 한다'는 식의 허풍스러운, 그리고 핵심을 피하는 이야기를 하고 있는 것 같다.

현대의 과학이나 기술에 얽힌 이와 같은 문제를 중학·고등학생 여러분을 비롯해서 많은 사람에게 가르쳐 주기 위해서는 여하튼 현대기술의 개략에 대해서 과학적으로 각각의 요점을 이야기할 필요가 있다고 필자는 생각했다. 그래서 현대기술 입문의 입문서(入門書)를 쓰기 시작했지만, 나머지는 독자가 각각 관심있는 과학기술에 대해서 조사해 보고, 필자가 여기에 제시한 과학기술 붐의 문제점에 대해서 검토해 준다면 필자로서는 더 없이 기쁘겠다. 이것이 이 책 집필의 제2 목적이다.

최근, 화제가 되고 있는 테마는 아직 많이 있다. 그 중에서도 액정(液晶), 쿼츠시계, 전자 카메라, 합성 음성(合成音聲), 초전도(超電導), 극저온(極低溫), 파인 케미컬, 농약, 합성세제, 유전자공학, 격자결함(格子缺陷), 자원위성(資源衛星), 기상위성(氣象衛星), 원자력 잠수함 등에 대해서는 무슨 일이 있어도 꼭 이야기되고 싶었지만, 이 책의 지면 관계로 할애 할 수 없었다. 다른 기회에 다시 해설하게 될 것이다. 지금은 우선 이 책 정도로 과학기술 붐의 진실을 이야기하고 있는 바이다.

즐거운 생물 탐구 여행

오오시마 다이로오 • 원저
엄　　기　　환 • 편역

　생물에 대한 관심을 인간인 우리가 갖는다고 하는 것은 지극히 당연한 일일 것이다. 이 세상의 모든 생명체가 갖는 삶의 역사를 다루는 학문이 바로 생물이라고 할 수 있다.

　살아 움직이는 이 세상의 모든 생명체를 연구한다는 것은 그리 쉬운 일만은 아니다.

　학창시절을 더듬어 보면 대부분의 학생들이 생물과목을 다른 이과 과목에 비해 그다지 싫어하지 않았던 것 같다. 그러나 생물과목을 좋아하고는 있으면서도 그 근본적인 학문의 깊이 속으로 빠져 들려고는 하지 않는 것 같다.

　그것은 생물과목이 갖는 그 나름대로의 깊이와 넓이의 중압감(부담감) 때문이 아닐까?

　아무튼 생물에 관한 한 우리 인간은 끊임없이 관심을 가져야 한다. 그럼으로써 우리의 삶을 보다 나은 방향으로 개선 시키고, 보다 인간다운 삶의 역사를 만들어갈 수 있기 때문이다.

　이 책은 그러한 의미에서 우리 모두가 생물을 좋아하고, 나아가 생물에 관한 인식을 새로이 할 수 있는 계기를 만들 수 있도록 기획되었다.

즐거운 물리 탐구 여행

후지이 키요시
나까고메 하찌로오 •지음
문 성 원 •옮김

이과과목(理科科目) 중에서 가장 어려운 과목을 지목할 때, 대부분의 학생들은 '물리(物理)'를 든다. 물리는 '과학(科學)'의 대명사이다. 그런 만큼 '물리(物理)' 과목은 사실 어렵다. 물리학(物理學)의 테두리 속에서도 가장 핵심이 되는 분야는 역학(力學)이다.

역학은 모든 과학의 기초가 되는 부문이다. 물론 역학(力學)의 발전 이전에, 기초학문으로서 '수학(數學)'이 존재하지만 발전 과학의 부문에서는 단연 역학이 그 기초를 형성하고 있다.

인류에게 도움이 되는 학문일수록 그 연구과정은 복잡하고 어렵다. 과학 역시 '생각하는 힘'이 없이는 정복하기 어려운 학문이 아닌가 한다.

이 책은 '물리'가 싫어지는 학생들에게 물리를 보다 쉽게 정복해갈 수 있는 비결을 가르쳐 준다. 학생의 신분이 아닌 일반 독자에게는 물리학에 있어서의 역학(力學)이 우리 인류에게 미친 영향과, 우리의 삶에 있어서 물리가 얼마만큼 필요한 학문인가를 인식시켜 주고 과학의 힘을 다시 한번 믿을 수 있게 해 준다.

즐거운 화학 탐구 여행

사키가와 노리유끼 •지음
최   인   원 •옮김

화학은 이과과목이다. 이과과목은 대부분 기초학문이다. 기초학문이라 함은 쉽게 말해서 우리 인간 생활에 없어서는 안되는 학문이라는 뜻이다. 말하자면 우리의 삶의 기초가 되는 학문을 말하는 것이다.

기초학문이 없이는 우리의 삶은 올바로 영위될 수가 없을 것이다. 인간이 동물적인 영역으로부터 벗어날 수 있었던 것도 따지고 보면 이 기초학문 덕분이 아니었을까?

아무튼 이번에 「즐거운 화학 탐구 여행」을 기획하여 우리말로 옮기게 된 배경에는, 이처럼 중요한 기초학문을 의외로 우리들이 기피하고 있는 경향이 두드러지고 있다는 점을 간과할 수 없었기 때문이다. 대개의 기초학문은 중요한 만큼 그 학문적인 내용의 깊이도 심원하여 얼핏 생각하면 아무나 가까이 접근할 수 없는 어려운 학문으로 인식되기 쉽다.

문제는 우리가 이러한 학문에 얼마만큼 관심을 가지고 가까이 다가가느냐 하는 것이다. 말하자면 이 학문을 얼마만큼 좋아할 수 있느냐에 따라서 학문에 대한 정복도가 달라진다.

그러므로 화학을 마스터하고 싶거든 화학을 잘하려고 하지 말고 우선 화학을 좋아할 수 있도록 하여야 한다. 무엇이나 좋아하면 스스로 잘할 수 있게 되기 때문이다.

이러한 점에 착안하여 이 책을 기획한 것이다.

판권본사소유

과학을 잘하게 되는 책

즐거운 과학 탐구 여행

2000년 1월 15일 인쇄
2000년 1월 30일 발행

지은이/호시노 요시로오
옮긴이/문　형　준
펴낸이/최　상　일

펴낸곳 / **태을출판사**
등록 / 제4-10호(1973. 1. 10.)
주소 / 서울특별시 강남구 도곡동 959-19

주문 및 연락처
우편번호 100-456
서울특별시 중구 신당6동 52-107(동아빌딩 내)
팩스/2237-5577 전화/2233-6166

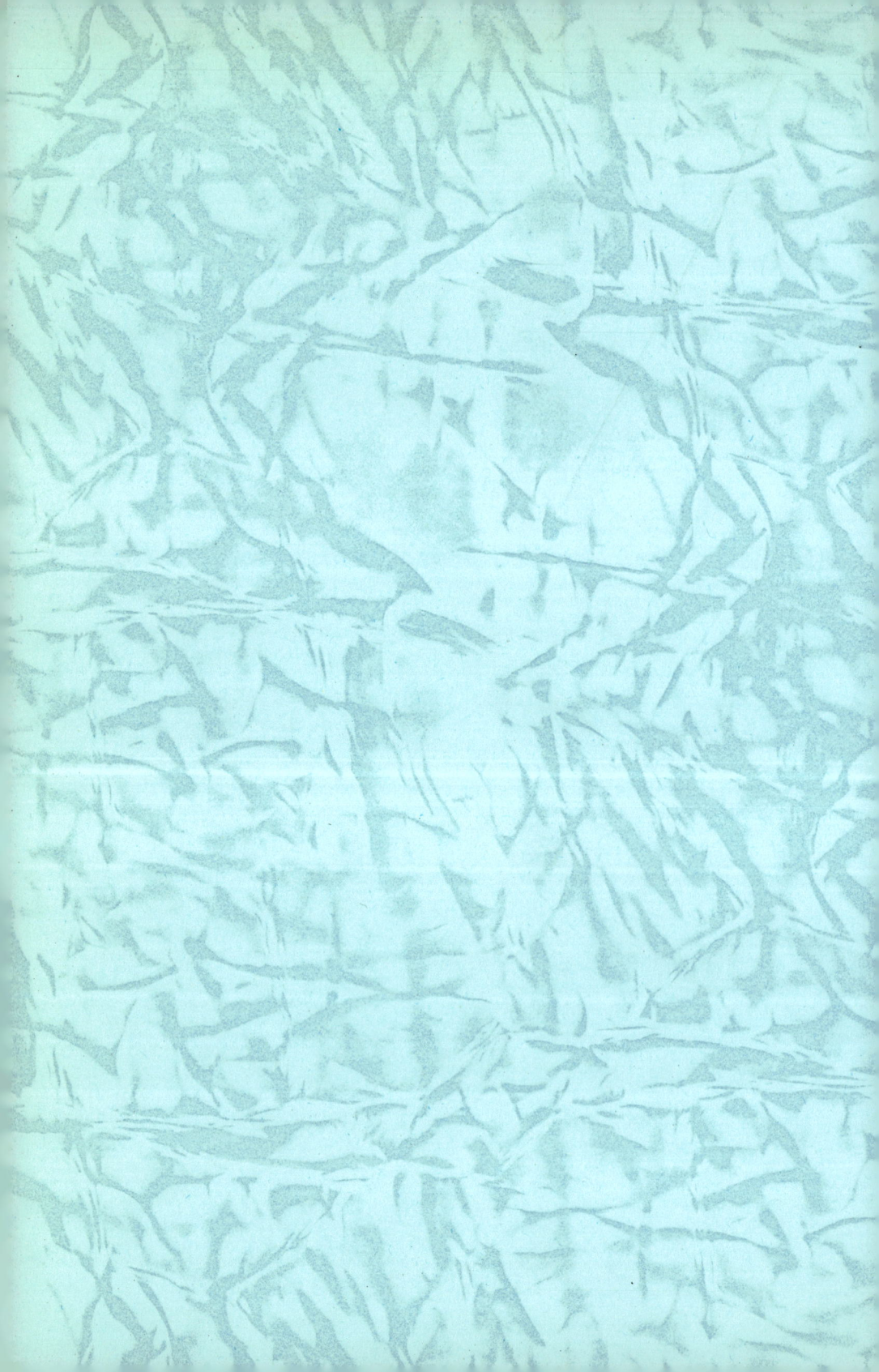